Die 12 Flüge der Bienen

Entwürfe für die Zukunft – Band 9

Kontakt: www.HarryEilenstein.de
Harry.Eilenstein@web.de
Harry Eilenstein bei youtube

Verlag: BoD · Books on Demand GmbH, Überseering 33, 22297 Hamburg, bod@bod.de
Druck: Libri Plureos GmbH, Friedensallee 273, 22763 Hamburg

ISBN: 978-3-7693-5159-0

Inhaltsübersicht

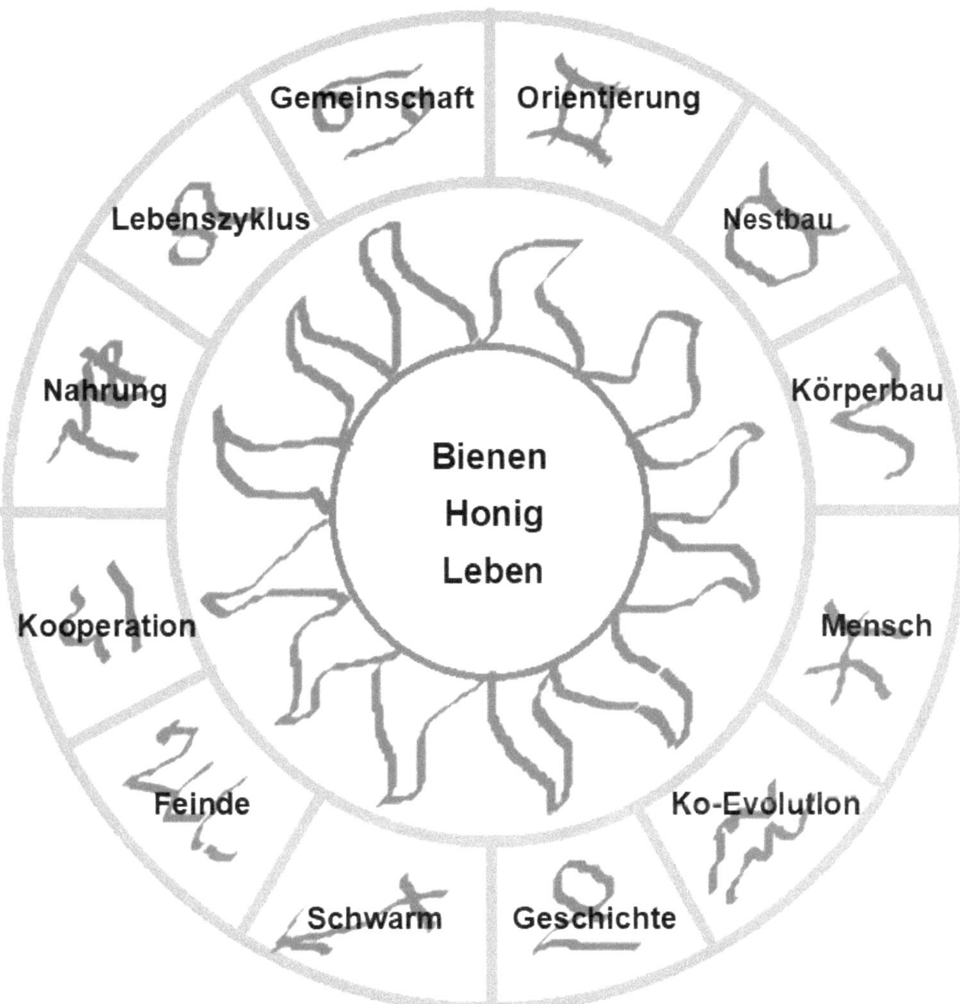

Warum 12?

Alle Bücher dieser Reihe haben genau 12 Kapitel – was sich ja auch in den Titeln dieser Bücher widerspiegelt. Warum?

In diesen Büchern wird der Tierkreis als Matrix von 12 verschiedenen Sichtweisen auf die Welt verwendet, um das Thema des Buches möglichst umfassend in 12 Kapiteln zu betrachten. Dadurch wird eine ausgewogenere, umfassendere und tiefere Einsicht in das jeweilige Thema erlangt als es ohne ein solches Raster, ohne eine solche Matrix möglich wäre.

Der Tierkreis wird in dieser Buch-Reihe als Forschungs-Hilfsmittel benutzt, durch das die Einseitigkeiten in der Betrachtung zumindest vermindert werden können. Weiterhin werden durch dieses Vorgehen diese 12 Sichtweisen auch als Ergänzungen zueinander, als organische Teile eines Ganzen deutlich.

Die Inspiration zu diesem Vorgehen stammt aus Hermann Hesses Roman „Das Glasperlenspiel", für das er 1946 den Literatur-Nobelpreis erhielt. In diesem Roman beschreibt er die öffentlichen Darstellungen von Übersichten und Gesamtbetrachtungen, die mithilfe von verschiedenen allgemeinen Strukturen wie z.B. dem Ba Gua aus dem chinesischen Feng-Shui angefertigt und aufgeführt werden.

Diese Buch-Reihe ist ein Versuch, Hesse's Idee im ganz Kleinen konkret zu verwirklichen.

Die Blickwinkel der 12 Tierkreiszeichen sind:

♈	Widder:	Spontaner
♉	Stier:	Genießer
♊	Zwilling:	Neugieriger
♋	Krebs:	Familienmensch
♌	Löwe:	Egozentriker
♍	Jungfrau:	Handwerker
♎	Waage:	Schöngeist
♏	Skorpion:	Tiefgründiger
♐	Schütze:	Idealist
♑	Steinbock:	Realist
♒	Wassermann:	Theoretiker
♓	Fische:	Träumer

1. Körperbau

♈

__Der Name__

Der Name „**Biene**" ist ein in den germanischen, keltischen und slawischen Sprachen verwendetes Wort. Die weitere Herkunft dieser west-indogermanischen Bezeichnung ist unbekannt.

Der Bienen-Name „**Imme**" leitet sich vom mittelhochdeutschen „imbe, impe" für den Bienenschwarm ab. Diese Bezeichnung ist früher auch in England in der Form „ymbe" für „Bienenschwarm" üblich gewesen. Von „Imme" leitet sich auch „Imker", also „der, der mit den Immen zu tun hat" ab. Die weitere Herkunft dieses Wortes ist unbekannt.

Die Bezeichnung „**Drohne**" für die männliche Biene ist mit dem Verb „dröhnen" verwandt. Beide Worte stammen von dem indogermanischen Verb „dher, dhren" für „brummen, murren, lärmen" ab. Die Drohen und vermutlich auch die Bienen allgemein sind also ursprünglich nach ihrem summenden Geräusch benannt worden: Sie waren die „Brummer", oder die „Summsen".

Die heute außerhalb von Imker-Kreisen unüblich gewordene Bezeichnung „**Weisel**" für die Bienenkönigin leitet sich von dem mittelhochdeutschen Substantiv „wisel" für „Führer, Anführer, Oberhaupt, Bienenkönig" ab – damals hielt man die Bienenkönigin noch für einen Bienenkönig. Dieses Substantiv ist mit dem Verb „weisen" verwandt – der Anführer ist der, der die anderen anweist, was sie zu tun haben.

Das Substantiv „**Wachs**" ist eine Ableitung des Verbs „wickeln", d.h. das Wachs ist das „Gewebe (der Bienen)" – früher gab es nur Bienenwachs. Diese Worte sind Ableitung des indogermanischen „ueg" für „weben, knüpfen, Gespinst".

Der Körper

allgemein

Der Körper der Bienen ist deutlich dreigeteilt und besteht aus 1. dem Kopf mit dem Mund, den Augen und den Fühlern; 2. aus der Brust (Mittelteil) mit den vier Hautflügeln und den sechs Beinen; und 3. aus dem Hinterleib mit dem Stachel.

Die Körperhülle besteht aus Platten und Ringen aus Chitin. Dieses Außenskelett („Exoskelett") ist sozusagen eine „Ritterrüstung" – die Biene ist also ein fliegender Ritter, mit einem Stachel als Lanze.

Die Muskeln sind allesamt – wie bei Außenskeletten üblich – innen an dem Außenskelett befestigt. Das ist bei Fischen, Amphibien, Reptilien, Vögeln und Säugetieren genau umgekehrt: dort sitzen die Muskel außen an dem Innenskelett, also an den Knochen.

Das farblose Blut fließt bei der Biene größtenteils frei im ganzen Körper statt in Adern. Es dient dem Transport von Nährstoffen und Abfallstoffen.

Die Stacheln und Haare, die sich auf dem Außenskelett der Biene befinden, bestehen wie das Außenskelett selber ebenfalls aus Chitin. Die Haare, Bärte, Fingernägel, Fußnägel, Hufe, Krallen, Klauen, Barten, Hörner, Stacheln, Schnäbel, Federn und Schuppenpanzer der Säugetiere, Vögel und Reptilien bestehen hingegen aus Hornsubstanz, die sich aus umgewandelten abgestorbenen Hautzellen bilden. Die Haare der Bienen, die bei den Hummeln besonders stark ausgeprägt sind, halten die Bienen warm („Pelzmantel"), sodass sie auch noch bei tieferen Temperaturen beweglich bleiben.

Kopf

Der **Kopf** und vor allem das „Gesicht" der Biene sind ziemlich komplex und enthalten mehr Einzelheiten als das menschliche Gesicht.

Wenn man die Biene von vorne betrachtet, sieht man in der Mitte die lange, schlanke **Zunge**, die weit nach unten reicht. Sie liegt hinter dem Unterkiefer und dem Oberkiefer – also nicht dazwischen wie beim Menschen.

An der Spitze der Zunge befindet sich das **Löffelchen**.

Die **Speicheldrüse** („Hinterkieferdrüse", „Labialdrüse", „Oberkieferdrüse", „Hintere Mandibeldrüse") sitzt unten in der Nähe des Halsansatzes, aber beginnt mit einigen Verzweigungen im Hinterkopf und in der Brust und endet an der Zungenwurzel. Sie produziert eine Flüssigkeit zum Lösen von Zucker sowie einige Bestandteile für die Fütterung der Larven. Bei der Made kommt aus dieser Drüse die „Seide", in die sie sich bei der Verpuppung einspinnt. Nach dem Schlüpfen wird diese Drüse dann zur Speicheldrüse.

Die **Futtersaftdrüse** („Schlunddrüse", „Kopfspeicheldrüse") produziert bei den Ammen-Bienen im Bienenstock den Futtersaft für die Junglarven und für die Königinnen-Larven. Nachdem diese Ammen dann zu Sammelrinnen geworden sind und aus ausfliegen, stellt sich diese Drüse auf die Produktion von Fermenten um. Diese Futtersaftdrüse sitzt im Kopf und nimmt einen deutlich größeren Raum ein als das Gehirn – ca. 1/3 des Innenraumes des Kopfes der Biene.

Die **Brustspeicheldrüsen** liegen vorne in der Nähe des „Halses" der Biene.

Die **Vorderkieferdrüse** bildet ein saures Sekret, das den aus Wachs bestehenden Deckel auf der Zelle, in der sich die Made verpuppt hat, beim Schlüpfen der Biene aufweicht. Diese Drüse ist bei der Königin besonders stark ausgebildet und dient bei ihr der Bildung von Duftstoffen („Pheromone").

Die **Oberkieferdrüse** befindet sich über den Lippen.

Die **Hypopharyngeal-Drüse** produziert einige wichtige Bestandteile des Gelée royals, mit dem die Königinnen-Larven gefüttert werden.

Neben den beiden Zungen-Tastern sind die __Unterkiefer__ („Maxille") zu sehen. Sie sind deutlich breiter, kürzer und stärker nach außen hin gebogen.

Hinter der Zunge befindet sich das Kinn mit dem __Hinterkiefertaster__ („Unterkiefer-taster"). Die Biene verfügt über etliche solcher Taster, also „Mini-Fühler".

Der Unterkiefer kann zusammen mit der Zunge vor ihm den __Saugrüssel__ („Probiscis") bilden. Der Taster und die Zunge ergeben zusammen sozusagen ein Paar „gespitzer Lippen", die allerdings deutlich länger sind als beim Mensch. Der Rüssel ist bei der Honigbiene 6,5mm lang, aber er kann noch weiter ausgestreckt werden. Im Ruhezu-stand wird dieser Rüssel in eine Furche unterhalb des Kopfes gelegt. Mit dem Rüssel können die Bienen Nektar, Wasser und andere Flüssigkeiten aufnehmen und den in ihrem Honigmagen gesammelten Nektar oder Wasser auch wieder an andere Bienen abgeben. Der Saugrüssel dient auch der Aufnahme von Duftstoffen („Pheromonen"). Mit diesem Rüssel putzen die Bienen sich selber und auch sich gegenseitig und eben-so ihre Königin. Mit ihm reinigen sie auch die „Bürsten" an ihren Beinen.

Neben der Zunge befinden sich links und rechts die dünnen und leicht nach außen gebogenen __Zungen-Taster__ („Labialtaster), die etwas kürzer als die Zunge sind.

Auf dem Unterkiefer befindet sich die __Unterkiefer-Taster__ („Maxillartaster"). Sie ent-halten Geschmacks-Rezeptoren.

Oben außen neben den Unterkiefern befinden sich die __Oberkiefer__ („Mandibel"). Die

Zunge und die anderen Dinge hängen alle unterhalb des Kiefers. Der Oberkiefer ist ein festes Beißorgan und wird zum Sammeln von Pflanzenharzen benutzt, zum Schneiden von Blütenblättern („Beißen"), zum Zerkleinern („Kauen") von fester Nahrung, zum Pollen-Knabbern, zum Wachs-Kneten und Wachs-Formen, zum Festhalten von Feinden, um sich beim Ausruhen an etwas festzuklammern und zum Putzen anderer Bienen.

Die **Unterlippe** und die Oberlippe liegen über dem Unterkiefer.

Zwischen den beiden Oberkiefern befindet sich die **Oberlippe**.

Der **Mund** ist vorne und recht weit oben. Dieser „Schlund" geht innen in das Schlundrohr („Speiseröhre") über. Dieser Mund kann sowohl saugen als auch beißen und kauen. Bei der Königin sind die Mund-Sammelwerkzeuge verkümmert, da sie selber nicht mehr sammelt, sondern von den Ammen-Bienen gefüttert wird.

Die **Mundklappe** („Labium") ist eine bewegliche Klappe zum Verdecken des Mundes – ähnlich den Lippen beim Menschen.

Der Mundklappenmuskel („**Pharynx**") ist ein Muskel zur Steuerung der Mundklappe und zum Auflecken von Blütennektar.

Durch die **Speiseröhre** gelangen die aufgenommenen Flüssigkeiten in den Honigmagen im Hinterleib und weiter in den Mitteldarm.

Die Biene hat zwei Arten von **Augen**.

Die beiden **Facettenaugen** („Netzaugen") bestehen aus jeweils 6.000 Einzelaugen („Ommatiden", „Facetten") – nach anderen Angaben bestehen sie bei der Königin aus je 8.000 Facetten, bei den Arbeiterinnen aus je 9.000 Facetten, und bei den Drohnen aus je 19.000 Facetten. Jede Facette hat eine eigene Linse und eigene Sinneszellen; sie sind sechseckig wie die Bienenwaben. Die Honigbienen hat zum Schutz der Augen Haare zwischen den einzelnen Facetten – die Wildbienen haben jedoch niemals Haare auf den Augen.

Die drei kleinen Augen oben auf dem Kopf werden „**Ocellen**" genannt. Sie sind sehr lichtempfindlich und bilden eine Art „Lichtkompass", da sie die Polarisierung des Lichtes wahrnehmen können und daraus den Stand der Sonne ableiten können. Diese drei Augen oben auf dem Kopf sind, da sie den Stand der Sonne erkennen können, auch eine Art „innere Uhr".

Die **Antennen** („Fühler") sitzen in Gelenken auf dem Kopf recht nah beieinander und können gezielt bewegt werden – sie können sowohl sowohl gedreht, gebeugt, aufgerichtet als auch geknickt werden. Diese Tastorgane werden auch zur Begrüssung und Kommunikation mit anderen Bienen benutzt. Auffälligerweise benutzen sie dabei aber fast ausschließlich ihre rechte Antenne – offenbar sind die Bienen „Rechtshänder" und reichen den anderen Bienen ihre rechte „Hand". Wenn eine Biene ihre rechte Antenne verliert, wird sie ziemlich hilflos. Die Antennen werden auch bei der Futterabgabe der Sammlerin-Bienen an die Ammen-Bienen benutzt. Die Königin erkennt mit ihren Antennen, ob eine Ei-Mulde für eine Arbeiterin oder eine Drohne angelegt worden ist und legt das entsprechende Ei in die Mulde, die dann zu einer Wabenzelle ausgebaut wird. Die Ammen-Bienen betasten die Königin und füttern sie – wenn sie durch ihre Fühler keinen Kontakt mehr zur ihr haben, können sie die Königin auch nicht mehr füttern.

Der **Schaft** („Scapus") ist das unterste, lange, gerade Glied der Antenne – sozusagen der Oberarm.

Am Ende des Schaftes befindet sich das **Wendeglied** („Pedicellus"). Mit seiner Hilfe kann die Biene ihren Fühler ausstrecken und einknicken. Dies entspricht dem Ellenbogen.

Die **Geißel** ist der vordere Teil der Antenne. Sie sind bei den Honigbienen so lang wie der Kopf – bei den Langhornbienen sind sie jedoch so lang wie der ganze Körper. Die Geißeln bestehen bei den Weibchen in der Regel aus 10 Segmenten, bei den Männchen hingegen aus 11 Segmenten, doch trotz dieser Gliederung in Segmente lassen sich diese Segmente nicht einzeln bewegen lassen. Sie ist sozusagen der „Unterarm".

Auf dieser Geißel befinden sich die „**Sinneshaare**" sowie ganz vorn auf dem Segment, das deutlich länger als die andern 9 Segmente ist, die „**Sinnesplatte**", die der „Hand" entspricht. Auf der Geißel befinden sich ca. 170 Geruchs-Rezeptoren (Stoffe in der Luft wahrnehmen), die Geschmacks-Rezeptoren (Stoffe durch Berührung wahrnehmen) und die Tast-Haare. Weiterhin können die Bienen anhand der Krümmung der Fühler die relative Windgeschwindigkeit bzw. ihre eigene Fluggeschwindigkeit erkennen. Da die Haare auf der Oberfläche der Geißel auch Vibrationen in der Luft wahrnehmen können, können sie mit den Geißeln auch hören. Die Geißeln sind also die Nase, die Ohren, die Zunge, die Fingerspitzen und das Fluggeschwindigkeits-Messinstrument – alles in einem.

Der **Kopfschild** befindet sich da, wo sich bei einem Säuger die Nase befindet. Er ist bei den Drohnen sehr ausgeprägt.

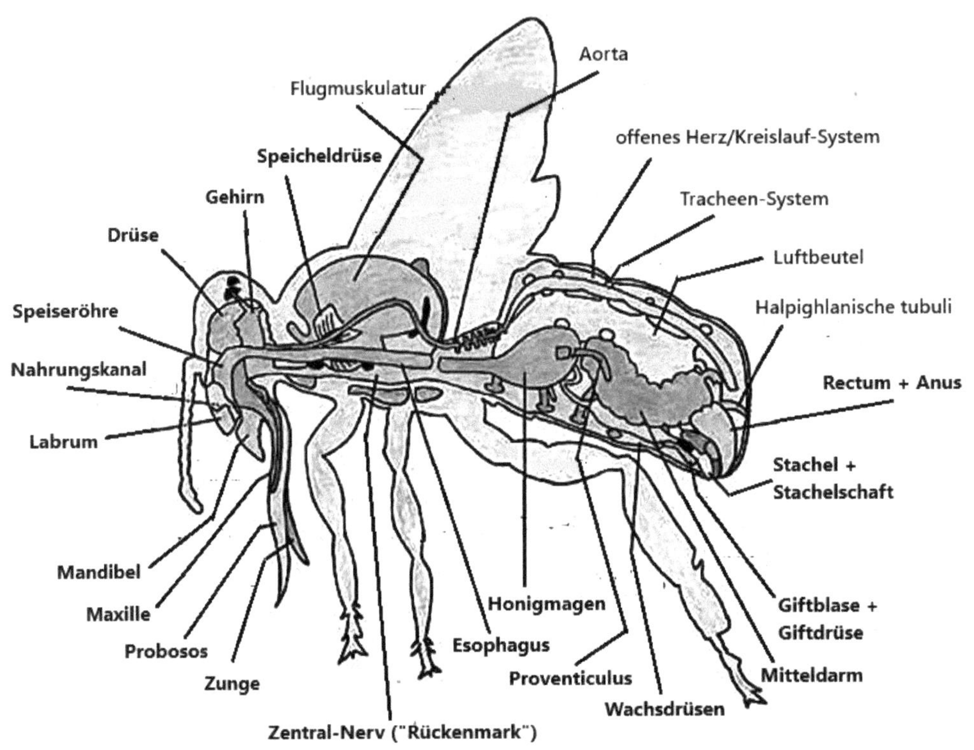

Das **Gehirn** hat eine pilzförmige Gestalt und befindet sich im hinteren Teil des Kopfes in Richtung Nacken. Von ihm geht ein Strickleiter-Nervensystem auf der Bauchseite durch den ganzen Leib – sozusagen ein „Bauchmark" statt eines „Rückenmarks". Da diese Nerven-Verbindung aus zwei parallel laufenden Strängen mit Querverbindungen besteht, ähnelt sie einer Strickleiter. In dieser „Strickleiter" befinden sich 10 weitere Zentren, die jedoch deutlich kleiner sind: eines im Kopf, vier in der Brust und 5 im Hinterleib. Weil diese Ganglienknoten nicht sehr viel kleiner als das Gehirn sind, kann man beinahe von einem „dezentralisierten Gehirn" sprechen.

Brust

Die **<u>Brust</u>**, also das Mittelteil der Beine, ist fast kugelförmig.

Die **Beine**, die sich an der Unterseite der Brust befinden, bestehen aus 3 Beinpaaren, also insgesamt aus 6 Beinen. Auch sie haben eine Chitin-Hülle („Exoskelett") und innen Muskeln und Nerven. Die Beine bestehen aus fünf Gliedern: Hüfte („Coxa") – Schenkelring („Trochanter"; sozusagen das Knie) – Schenkel („Hinterbein", „Femur"; sozusagen das Schienbein) – Schiene („Tibia") – Fuß. Zwischen allen Teilen befinden sich Gelenke. An den Bein-Segmenten befinden sich „Dornen" zum Festhalten sowie Sinneszellen für die Geschmackswahrnehmung – die Bienen können also auch mit ihren Beinen und Füßen schmecken. Außerdem können die Beine Vibrationen wahrnehmen, also z.B. die Schritte eines Menschen, der auf sie zukommt, während sie auf dem Erdboden sitzen.

Die **Vorderbeine** werden neben dem Krabbeln auch für das Putzen benutzt, für das die Vorderbeine eine Putzscharte haben, die das Entfernen von Fremdkörpern ermöglicht („starre Finger"). Mit ihnen werden auch die Antennen und die Augen gesäubert – sie sind sozusagen „Scheibenwischer".

Die **Mittelbeine** werden für die Fortbewegung und für das Festhalten am Untergrund verwendet.

Mit den **Hinterbeinen** tragen die Arbeiterin die gesammelten Pollen. Dazu wird der Pollen von den Bienen mit Nektar befeuchtet und von den Vorderbeinen zu einem Pollenpaket geformt, das dann an den oberen Teil der Hinterbeine geklebt wird („Höschen"). Auf dieselbe Weise wird auch Harz gesammelt und transportiert. Die Hinterbeine sind die „Einkaufstaschen" der Bienen. Die Drohnen halten bei der Paarung die Königin mit ihren Hinterbeinen fest.

Die **Haare** an den Beinen sind z.T. gefiedert (wie eine Feder) und dienen dem Pollentransport. Bei den Wildbienen sind entweder die Hinterbeine stark behaart (Beinsammler) oder der Bauch (Bauchsammler).

Die **Füße** bestehen aus einem oberen Teil („Metatarsus"), einem mittleren Teil („Tarsus") und einem unteren Teil („Tarsusklaue"). Zwischen diesen Teilen befinden sich jeweils Gelenke – der Fuß ist also sehr beweglich. Der untere Teil des Fußes besitzt zum einen vorne zwei Krallen zum Festhalten an rauen Oberflächen (sozusagen „Zehnägel") und hinten (sozusagen an der Ferse) und einen Haftlappen zum Festhalten an glatten Oberflächen (gewissenmaßen eine „Anti-Rutsch-Sohle"). Die Füße haben weiterhin eine Vorrichtung zum Pollengreifen und zum Anhaften der Pollen an den Haaren des Leibes sowie eine Vorrichtung zum Pollenabstreifen von den

Haaren des Leibes.

Die **Flugmuskulatur** befindet sich in der Brust. Sie besteht aus den vier stärksten Muskeln der Bienen und füllt beinahe den gesamten Brustraum aus. Die Flügel sind mit einem „Scharnier" an dem Rückendeckel des Brustteils der Biene und an dem Außenteil des Außenskeletts der Brustteils befestigt. Wenn die beiden senkrechten Muskeln angespannt werden, heben sich die Flügel und der Brustteil wird flacher und länger – anschließend werden die beiden waagerechten Muskeln angespannt und der Brustteil wird wieder kürzer und höher und die Flügel bewegen sich nach unten. Durch ein schnelles An- und Entspannen dieser Muskulatur kann die Biene auch Wärme erzeugen ohne dabei die Flügel zu bewegen – das entspricht dem Zittern beim Menschen, durch das der Leib „beheizt" und vor Unterkühlung geschützt wird.

Die Biene hat zwei vordere und zwei hintere **Flügel**. Die Vorderflügel haben an ihrer Hinterkante eine Haftfalte, in die sich die Hinterflügel mithilfe von ca. 25 Häkchen, die wie bei einer Harke angeordnet sind, während des Fluges einhaken, sodass die vier Flügel wie nur zwei Flügel bewegt werden. Insgesamt haben diese Flügel, obwohl sie einzeln recht schmal sind, eine große Oberfläche. Sie bestehen aus Chitin und sind nur wenige Mikrometer dick, aber durch Rippen und Stege sehr stabil. Das Muster dieser Rippen und Stege ist bei jeder Bienenart anders, sodass man sie anhand dieser Muster unterscheiden kann. Die Bienen lenken beim Fliegen durch das Variieren der Muskelkontraktionen. Eine Jungbiene hat eine Reichweite von ca. 500m, eine ältere Biene kann hingegen ohne Pause 5km weit fliegen. Dabei haben die Bienen eine Fluggeschwindigkeit von ca. 28km/h – man muss also schon ein recht guter Sprinter sein (100m in 13 Sekunden), um vor einer Biene davonrennen zu können.

Insektenflügel erschaffen einen Wirbel, der Auftrieb gibt. Die Flügel machen kurze, abgehackte Flügelschläge sowie schnelle Rotationen der Flügel zwischen Auf- und Abschlagen. Diese Bewegungen sind in etwa mit den Bewegungen beim Brustschwimmen vergleichbar, bei dem die Vorwärtsbewegung möglichst wenig Widerstand im Wasser erzeugt, während die Rückwärtsbewegung möglichst viel Widerstand im Wasser erzeugt. Während die Flügel nach unten schlagen, stehen sie waagerecht – während sie nach oben schlagen, stehen sie senkrecht. Diese „schaufelnde" Bewegung, die dem Brustschwimmen wirklich sehr ähnlich ist, kann man gut in Zeitlupen-Aufnahmen erkennen.

Normalerweise ist die **Flügelschlagfrequenz** umso schneller, je kleiner das Insekt ist, doch da die Bienenflügel nur sehr kleine Bewegungen machen, kommen sie auf 230

Flügelschläge pro Sekunde. Die Fruchtfliege nur erreicht nur 200 Flügelschläge pro Sekunde, obwohl nur 1/80 so groß wie eine Biene ist. Die Biene hat also einen „vibrierenden" Flug-Stil, der auch das Summen erzeugt.

Die **Flugspange** steht senkrecht hinten oben in dem Brustteil der Beine. Sie dient vermutlich zum Lenken der Flügelbewegungen.

Über die **Hummel** gibt es einen irreführenden Spruch: *„Die Hummel hat 0,7 cm² Flügelfläche und wiegt 1,2 Gramm. Nach den Gesetzen der Aerodynamik ist es unmöglich, bei diesem Verhältnis zu fliegen. Die Hummel weiß das nicht und sie fliegt trotzdem."* Da Bienen jedoch nicht wie Flugzeuge feste, sondern bewegliche Flügel haben, gelten für sie nicht die Regeln der Flugzeuge, sondern die Regeln für Hubschrauber, die ganz anders sind. Außerdem sind Hummeln sehr viel kleiner als Flugzeuge, was bedeutet, dass sie in der Luft ein ganz anderes Strömungsfeld erzeugen. Die Abhängigkeit der Luftströmung von der Größe des fliegenden Objektes wird durch die „Reynoldszahl" beschrieben.

Das **Bauchmark** der Biene entspricht dem „Rückenmark" bei Menschen. Es ist der mittlere Teil des Strickleiternervensystems der Biene, der auf ihrer Bauchseite verläuft.

Hinterleib

Der **Hinterleib** der Biene besteht aus 9 Segmenten aus Chitin. Bei den Arbeiterinnen und den Königinnen sind die letzten 3 zum Stachel umgewandelt worden – bei den Drohnen sind nur die letzten beiden umgewandelt worden, sodass die weiblichen Bienen 6 Hinterleibs-Segmente haben, die Drohnen jedoch 7. Diese Segmente bestehen aus den Rückenplatten („Tergiten") und den Bauchplatten („Sterniten"), die einen gemeinsamen Ring bilden. Sie sind wie der Ringpanzer eines Gürteltiers oder eines Ritters. Zwischen diesen Ringen befinden sich elastische Hautstreifen („Interseg-mentalhäute"), durch die der Hinterleib insgesamt beweglich wird. Die Biene kann ihn schnell in alle Richtungen bewegen, was sie nicht nur beim Stechen, sondern auch beim Bau und bei der Pflege der Waben benutzt. Der Hinterleib kann sich an den Füllstand des Magens und der Drüsen einstellen – er kann gewissermaßen ein „dicker Bauch" und ein „dünner Bauch" werden.

Der **Verdauungstrakt** besteht erstens aus dem Mund vorne am Kopf, zweitens aus der Speiseröhre in Kopf und Brust, und drittens aus der Honigblase, dem Pförtner („Proventiculus"), dem Mitteldarm, dem Dünndarm („Ileum"), der Kotblase („Rectum") und der Afteröffnung („Anus") im Hinterleib.

Der **Mund** ist bereits bei dem Kopf der Biene besprochen worden.

Die **Speisröhre** führt die Nahrung durch den Kopf und die Brust in den Hinterteil der Biene.

Die **Honigblase** („Honigmagen") nimmt die unverdauten Nektarvorräte auf, die die Biene gesammelt hat. Dieses „Lager" ist gefüllt, wenn die Biene bei ca. 1.000 Blüten gewesen ist. Der Honigmagen hat dieselbe Funktion wie die dicken Backentaschen des Hamsters, der dort erst mal alles Fressbare einlagert und es dann später in Ruhe kaut und runterschluckt.

Zwischen der Honigblase und dem Mitteldarm befindet sich der „**Pförtner**" („Proventriculus"), der ein Ventil ist, durch das der Nektar weiter in den Mitteldarm durchgelassen werden kann, wenn die Biene den Nektar selber verdauen will. Den größten Teil des Nektars wird sie jedoch im Bienenstock wieder durch die Speiseröhre an die Ammen-Bienen weitergeben.

Im **Mitteldarm** geschieht der größte Teil der Verdauung. Er entspricht dem Magen und dem Zwölffingerdarm des Menschen.

Der **Dünndarm** („Ileum") ist eine schmale, kurze Röhre zwischen dem großen Mitteldarm und dem kleinen Enddarm, die verdauungsfreundliche Mikroben enthält. Er hat also in etwa dieselbe Funktion wie der Blinddarm beim Menschen.

Die **Kotblase** („Rektum") nimmt bei der Biene die Rolle des Dickdarms im menschlichen Körper ein. Sie ist im Wesentlichen für die Wasseraufnahme des Darms aus dem Darminhalt nach der Verdauung und der Nährstoffaufnahme zuständig.

Der **Anus** ist der Ausgang des Verdauungstraktes zur Ausscheidung von körpereigenen Abfällen.

Der **Kot**, also die Verdauungsreste werden von den Ammen im Stock, von den Sammlerinnen jedoch meist im Flug ausgeschieden – sie werfen Ballast ab und halten zugleich den Bienenstock sauber. Da die Ammen-Bienen und die Königin den Bienenstock in der Regel nicht verlassen, muss deren Kot von den Arbeiterinnen nach draußen getragen werden.

Die Nieren der Bienen („**Malpighische Gefäße**") bestehen aus einem feinen Röhrensystem seitlich am Mittel- und Dünndarm, die Wasser, Abfälle und Salze aus dem Bienenkörper herausfiltern und in den Darm abgeben. Die Bienen haben also keinen Harnleiter und keine Blase wie die Menschen, sondern geben die ausgefilterten Stoffe in den Darm ab.

Die Bienen müssen ihre **Fettreserven** recht aufwendig und ineffizient sekundär aus Zucker herstellen, da die Bienen kaum Fett in ihrer Nahrung haben. Dieses Fett benötigen sie als Energie-Reserve und für die Wachsproduktion.

Unter dem Hinterleib befinden sich die **Wachsdrüsen**, die sich in 4 Paaren angeordnet an den Bauchschuppen befinden. Zwischen dem 12. und 18. Lebenstag einer Biene scheiden sie Wachs aus, aus dem die Waben aufgebaut werden. Wenn eine Biene keinen Wachs mehr „ausschwitzt", beginnt sie mit ihrer Arbeit als Wächterin am Einflugloch. Die Biene kann also nur 6 Tage in ihrem Leben Wachs produzieren – folglich ist der Bienenstaat dauerhaft auf neugeborene Arbeiterinnen angewiesen.

Die Biene „**atmet**" durch das Zusammenziehen und Ausdehnen des Hinterleibes, der ihr den Luftaustausch ermöglicht. Die Biene atmet also mit dem Hinterleib und nicht mit der Brust wie die Lebewesen mit einem Innenskelett wie wir Menschen. Zudem atmet die Biene nicht wie wir zentral durch den Mund, sondern dezentral durch ein Tracheensystem, das aus vielen Tracheenröhrchen („Luftröhren") besteht, die an den je 10 Atemlöchern an beiden Seiten des Hinterleibes enden. Diese Röhrchen führen zu allen Organen und verästeln sich dort und versorgen sie mit Sauerstoff. Die Bienen haben folglich eine „dezentrale Lunge".

Der „**Luftbeutel**" ist ein Reservoir für Luft, das sich hinten oben im Hinterleib befindet. Er ist durch Röhrchen mit Öffnungen auf dem Rücken („Stigmata") verbunden. Vermutlich dient er hauptsächlich der Anreicherung des Blutes in der Nähe des Herzens mit Sauerstoff, doch auch als „Sauerstoffflasche", wenn die Biene einmal unter Wasser geraten solle. Hummelköniginnen können eine ganze Woche lang unter Wasser bleiben, indem sie in den Winterschlaf-Modus gehen. Da Bienen im Vergleich zu Menschen sehr klein sind, kann es bei ihnen evtl. längere Zeit dauern, bis sie, wenn sie ins Wasser geraten sind, wieder an die Oberfläche kommen und sie an Land oder auf ein Stück Holz im Wasser krabbeln können.

Auch das **Herz** und das Kreislaufsystem der Biene sind weniger systematisch aufgebaut als beim Menschen. Wie alle Insekten besitzt auch die Biene ein offenes Herz-Kreislaufsystem, in dem das Blut nicht in Venen und Adern fließt. Im hinteren Teil des Hinterteils befindet sich auf der Oberseite das langgezogene Röhrenherz, das wegen seiner Schlauchform einer dicken Ader gleicht. An den Seiten dieses Schlauches sind Klappen, die sich nur in eine Richtung öffnen lassen und die dadurch wie beim menschlichen Herz das Pumpen des Blutes ermöglichen. Das Blut fließt dann durch eine Ader nach vorne in den Kopf und von dort aus dann frei durch den Leib wieder nach hinten – die Biene hat also einen „offenen Kreislauf".

Die **Herzklappen** der Biene entsprechen genau den Herzklappen im menschlichen Herzen.

Die Hauptschlagader, die von dem Herzen an der Oberseite des Bienenleibes nach vorne in den Kopf führt, wird „**Herzschlinge**" genannt. In ihr wird das Blut, das im Hinterleib mit Nährstoffen und Sauerstoff angereichert wird, nach vorne in den Kopf und zu den Flügelmuskeln im Brustraum gepumpt.

Auf der Unterseite des Hinterleibes befinden sich bei einigen Bienenarten die **Bauchhaare**, die anstelle der Haare an dem hinteren Beinpaar zum Transport der Pollen verwendet werden (also als „Einkaufstasche").

Das Strickleiternervensystem – also das „**Bauchmark**", das dem „Rückenmark" des Menschen entspricht – verläuft auch durch den Hinterleib auf der Bauchseite.

Die **Samendrüsen**, also die männlichen Keimdrüsen, sind bei den Drohnen die beiden Hoden, in denen das Sperma erzeugt wird. Sie liegen hinten unten im Hinterleib gleich am Anfang an der Giftdrüse.

Die weibliche Keimdrüsen sind zwei paarig angeordnete **Eierstöcke** mit jeweils bis zu 180 Eischläuchen bei der Königin und 20 Eischläuchen bei den Arbeiterinnen. Dabei wechseln sich stets eine Eikammer und eine Nährkammer, die aus mehreren Nährzellen ebsteht, ab. Die Eierstöcke machen den größten Teil des Hinterleibes der Königin aus. Die vielen kleinen Eischläuche münden in die beiden Eileiter, die sich zur Scheide vereinigen. Wenn in einem Volk die Königin stirbt und keine neuen Königinnen vorhanden sind, beginnen die Arbeiterinnen („Drohnenmütterchen") unbefruchtete Eier zu legen, aus denen dann Drohnen schlüpfen.

Die **Duftdrüse** befindet sich hinten oben oberhalb des Afters an dem letzten Hinter-leibs-Ring der Arbeiterin. Sie strömt Duftstoffe aus, die der Markierung und der Orientierung dienen. Wenn eine Arbeiterin diesen Duft verteilen will, hebt sie ihren Hinterleib an und senkt zugleich die Spitze des Hinterleibs, lässt den Duftstoff aus-treten und verdunstet und verteilt ihn durch Flügelbewegungen. Dieser Vorgang wird „Sterzeln" genannt.

Die **Giftdrüse** befindet sich am Stachelapparat der Arbeiterinnen und Königinnen. In ihr wird das Bienengift produziert.

Das **Bienengift** der Bienen, Wespen und Hornissen ist ein saures Sekret, also eine Säure. Sie enthält vor allem Melittin, das aus einer Folge von 26 Aminosäuen besteht. Das Bienengift lagert sich in die Zellmembranen des Opfers ein und bildet dort Kanäle, durch die Ionen in das Innere der Zelle dringen, was dann zur Gefäß-erweiterung und zum Tod der Zelle führt. Pro Stich gibt die Biene ca. 0,1mg Gift ab.

Das Gift, das in der Giftdrüse produziert wird, wird bis zu seiner Verwendung in der **Giftblase** gespeichert.

Der Stachel befindet sich in der **Stachelrinne** in der Stachelkammer.

Der **Stachelkanal** ist ein schmaler Kanal im Inneren des Stachels zur Beförderung des Giftes.

Der **Stachelschaft** ist eine Röhre im Hinterleib der Biene zum Führen des Stachels.

Der **Stachel** befindet sich am Hinterleib. Da er sich aus dem Legebohrer der Weibchen entwickelt hat, haben nur die Weibchen, aber nicht die Drohnen einen Stachel. Auch die Königin hat ebenfalls keinen Stachel, da bei ihr der Eier-Lege-apparat noch seine ursprüngliche Funktion behalten hat. Die Arbeiterinnen brauchen ihn nicht mehr und haben ihn zum Stachel umgewandelt. Der Stachel ist das einzige Abwehrinstrument der Biene. Durch den Stachel ist die Biene in der Lage, Gift in Angreifer zu pumpen und Schmerzreaktionen auszulösen bzw. Insekten und kleinere Tiere zu töten. Beim Stich krümmt sie ihren Hinterleib, wodurch der Stachel hervor-schnellt. Durch das Krümmen entsteht auch ein Druck auf die Giftblase, wodurch das Gift durch die Röhre in die Stichwunde gepresst wird. Das entspricht dem Prinzip einer Spritze. Der Stachel besteht aus zwei Stechborsten, die in der Mitte eine Röhre für das Gift bilden – das ist dasselbe Bauprinzip wie bei dem Saugrüssel.

2. Nestbau

☿

Honigbienen

Wildlebende Honigbienen nisten in hohlen Baumstämmen, Felsnischen und ähnlichen gut geschützten Orten. Den domestizierten Honigbienen, die die kleinsten Haustiere des Menschen sind, stellt der Imker Holzkisten oder aus Stroh geflochtene Bienenkörbe zum Nisten zur Verfügung.

Die Honigbienen brauchen einen trockenen, sauberen Hohlraum, der vor dem Wetter geschützt ist und der ein Volumen von ca. 20Litern (z.B. 25cm x 25cm x 35cm) hat. Größere Bienenstöcke haben ein Volumen von 60 Litern (z.B. 40x40x40cm).

Der Eingang sollte 4-6cm² groß sein (z.B. 1,5cm x4cm) und sich in ungefähr 3m Höhe über dem Erdboden befinden. Der Eingang sollte zudem auf der Nordhalbkugel der Erde in Richtung Süden oder Südosten bzw. auf der Südhalbkugel der Erde in Richtung oder Norden oder Nordosten weisen, also in die warme Richtung des Sonnenaufgangs und der Mittagsonne. Doch die Bienenvölker nehmen auch Wohnorte an, die keine solchen 5-Sterne-Hotels sind.

In diesem Hohlraum werden von den Honigbienen senkrechte Platten aus waagerecht liegenden, sechseckigen Waben angelegt. Sie werden aus dem Wachs gefertigt, das die Arbeiterinnen an der Unterseite ihres Hinterleibes „ausschwitzen". Der Wachs selber wird aus dem Zucker der Pollen und des Nektars hergestellt, indem der Zucker erst in Fett und dann in Wachs umgewandelt wird. Das ist ein sehr aufwendiges Verfahren: Die Bienen brauchen 7-8kg Honig, um 1kg Wachs herzustellen.

Bienenwachs ist zunächst glasklar und farblos und wird erst durch das Kauen durch die Bienen und das Mischen mit Pollen gelblich und duftend. Für 1g Wachs müssen die Bienen 1100 Wachsplättchen von ihrem Unterleib abscheiden – „fleißig wie eine Biene" … Für die Wachsausscheidung im Bienenstock wird eine Temperatur von 33-36° C benötigt. Bei dem Nestbau wird auch das Bienengift verwendet.

Bienenwachs ist wasserfest, wärmeisolierend und auch ein guter Schutz gegen Pilze, Bakterien und Viren. Genau diese Eigenschaften werden auch benötigt, da in den Bienenwachs-Waben die Larven heranreifen und der Honig aufbewahrt wird. Bienenwachs ist zudem recht stabil, sodass in den Waben, die die Bienen aus 1kg Wachs formen können, 25kg Honig aufbewahrt werden können. Der Inhalt ist also 25-mal so schwer wie die „Verpackung".

Der Bau von sechseckigen Waben ist die optimale Raum- und Materialnutzung. Für quadratische oder runde Formen wird mehr Material benötigt als für die sechseckige Form. Auch Wespen bauen Waben-Zellen aus präzisen Sechsecken.

Von der Mitte einer Wabenplatte bis zur Mitte der nächsten Wabenplatte sind ca. 4cm Abstand. Auf den beiden Wabenplatten sind jeweils ca. 12mm lange Zellen aus Bienenwachs, sodass zwischen den beiden mit Waben bedeckten Mittelplatten noch ca. 18mm Platz bleibt – genug, dass zwei Bienen dort aneinander vorbeikrabbeln können und dabei auch noch genügend Platz zur Arbeit an zwei gegenüberliegenden Waben-Zellen haben.

In der Natur sind die Waben oval, halbrund oder tropfenförmig. Die Wabenplatten, die die Imker den Bienen bereitstellen, sind hingegen rechteckig. Die Bienen streben – wenn der Platz reicht – danach, die gesamten Waben so zu bauen, dass die Platten, die parallel nebeneinander stehen, insgesamt in etwa eine Kugel ergeben. Daher beginnen sie auch in den rechteckigen Imker-Kästen mit den rechteckigen Wabenplatten in ihnen von der Mitte her die Waben so mit Zellen zu bebauen, das sich eine Kugel ergibt.

Die Waben haben eine gemeinsame Mittelplatte, auf die von zwei Seiten her Wabenzellen gebaut werden. Durch diese gemeinsame Rückwand der Zellen wird eine beträchtliche Menge an Wachs gespart, das von den Bienen ja nur mit sehr großem Aufwand hergestellt werden kann.

Die Waben-Zellen der Arbeiterinnen und die Waben-Zellen für die Vorräte sind ca. 5,3mm im Durchmesser und ca. 11mm tief, gerade und liegen stets waagerecht.

Die Drohnen-Zellen, sind ca. 6,9mm im Durchmesser und ca. 15mm tief, und ebenfalls gerade und waagerecht. Die Königinnen-Zellen sind deutlich größer: ca. 11mm im Durchmesser und ca. 25mm tief. Sie sind leicht gekrümmt (wie eine Erdnußschale) und befinden sich senkrecht am Rand oder auf der Fläche einer Wabe.

Eine Arbeiterinnen-Zelle hat ein Volumen von 0,3ml. In eine solche Zelle passen 0,4g Honig. Auf einer Fläche von 1dm² (10cmx10cm) passen auf jede der beiden Seiten der Mittelplatte ca. 420 Waben-Zellen für Arbeiterinnen oder ca. 255 für Drohnen. Das bedeutet, dass sich in 3dm² Waben 1kg Honig befindet.

Es gibt in jedem Bienenstock eine Hausordnung, d.h. eine Nestordnung:

- Der Bienenstock befindet sich in einem wettergeschützen Hohlraum (Höhle, hohler Baum, Imker-Kister u.ä.), die an einer Seite ein Flugloch hat.

- Wenn man den Bienenstock betritt, trifft man als erstes gleich hinter dem Flugloch den Brutbereich.

- In der Mitte des Bienenstocks sind die meisten Bienen anzutreffen: Hier werden die jungen Bienen aufgezogen. Dieses Brutnest ist, wenn der Raum das zulässt, möglich kugelförmig, da die Kugel die kleinste Oberfläche bei einem bestimmten Volumen hat. Das bedeutet, dass die Bienen in einem kugelförmigen Brutnest die Brut leichter warm halten können, d.h. auf 35° C +/- 1°.

- Hinter dem Brutbereich in der Mitte des Bienenstocks findet man an der Rückseite des Raumes, also möglichst fern von dem Flugloch, den Vorrats-bereich.

- Unter und neben dem Brutnest – manchmal auch über ihm – werden Blüten-pollen einlagert.

- Über dem Brutnest bzw. rings um den Ring der mit Blütenpollen gefüllten Zellen werden in den Zellen die Honigvorräte eingelagert.

Es ist trotz vieler Erklärungsversuche nach wie vor nicht geklärt, wie es den Bienen gelingt, so präzise sechseckige Waben zu bauen – einmal davon abgesehen, dass die zweiseitige Sechseck-Bauweise die effektivste Möglichkeit ist, da bei ihr am wenigs-ten Wachs benötigt wird. Die Aufteilung des Raumes des Bienenstocks ergibt sich hingegen daraus, dass es die Brut am wärmsten haben muss (also sind sie in der Mitte), und dass die Vorräte gut geschützt sein müssen (also sind sie ganz hinten).

Wildbienen

Die meisten Wildbienen leben solitär, d.h. einzeln und nicht als Teil eines Bienenvolks.

Sie brauchen offene Flächen mit wenig Büschen und Bäumen und mögen einen vielfältigen Bewuchs.

Wildbienen bauen ihre Nester oft in der sandigen Wand von Abbruchkanten in ehemaligen Kiesgruben und Tongruben. Manche Wildbienen haben jedoch auch sehr spezielle Nestbauten: in abgestorbenen Pflanzenstengeln, in Totholz, in altem Mauerwerk – sogar in leeren Schneckenhäusern. Doch die meisten Solitärbienen graben Höhlen in die Erde. Dasselbe gilt auch für die ihnen nah verwandten Grabwespen.

Bei den meisten Wildbienen werden die zuletzt gelegten Eier nahe am Eingang zu den Männchen, die zuerst schlüpfen und dann die später geschlüpften Weibchen befruchten.

Nisthilfen (Kästen mit Stroh, Röhren, Ästchen u.ä.) für die Wildbienen sind ausgesprochen förderlich. Sie sind in Obstplantagen mittlerweile schon nötig, damit die Blüten von den Bienen bestäubt werden können. In ihnen wird vor allem die Rote Mauerbiene angesiedelt.

Wärme

Die Honigbienen brauchen in ihrem Brutnest eine Temperatur von ca. 35°C und eine Luftfeuchtigkeit von 40%. Diese Werte können die Bienen mit ihren Antennen wahrnehmen. Sie heizen den Bienenstock oder die Bienentraube (in der alle Bienen im Freien zusammensitzen) mithilfe ihrer Flugmuskulatur, die sie vibrieren lassen können, ohne die Flügel zu bewegen („Zittern") auf die benötigte Temperatur auf bzw. lüften den Bienenstock durch Flügelbewegungen („Pusten" beim Menschen). Die benötigte Luftfeuchtigkeit erschaffen sie dadurch, dass sie zu Gewässern fliegen, mit ihrem Rüssel Wasser in ihren Honigmagen saugen, das Wasser in ihren Bienenstock bringen, dort wieder „ausspucken" und durch Flügelfächeln verdunsten lassen.

Die Bienen verfallen bei +8°C in Reglosigkeit und bei +6° in Starre, doch sie können auch Außentemperaturen von -40°C überleben. In einer Bienentraube herrschen von außen nach innen +10° bis +35°C. Dort in der Mitte der Traube sitzt die

Bienenkönigin.

Vor dem Flug bringen die Bienen ihren Körper auf eine Temperatur auf 36°, die für sie optimal ist.

29

3. Orientierung

♊

Die Art der Wahrnehmung ist bei der Biene teilweise dieselbe wie bei den Menschen, doch ganz genau gleich ist keine der Wahrnehmungsmöglichkeiten und einige sind auch grundsätzlich anders. Hinzu kommen noch das Gedächtnis und die ausgeprägte Lernfähigkeit der Bienen.

Gegenstands-Sehen

Die erste Wahrnehmungsmöglichkeit der Honigbienen ist das Sehen mit ihren beiden großen Facettenaugen.

Sie haben ein Blickfeld von 280°-300°, also einen Beinahe-Rundumblick. Der Mensch kann nur in einem Bereich von 180° vor sich sehen. Die Bienen sind aber im Gegensatz zu den Menschen nicht in der Lage, räumlich zu sehen, da die Facettenaugen starre Linsen haben.

Bienen können 200-300 Bilder pro Sekunde sehen – der Mensch hingegen nur 60 Bilder pro Sekunde). Dieser Augen-Typ ist für schnellfliegende Insekten ideal – Menschen könne sich gar nicht so schnell bewegen, dass sie eine solche hohe Rate an Bildern pro Sekunden nutzen könnten. Menschen können schon ab 15-24 Bildern pro Sekunde keine Einzelbilder mehr wahrnehmen, sondern nur noch einen Bewegungsfluss. Daher werden im Kino und im Fernsehen auch ca. 25 Bilder pro Sekunde gesendet – das wäre für die Biene nur eine langsame Dia-Show.

Diese beiden Augen bestehen aus 6.000-19.000 stäbchenförmige Einzelaugen. Die meisten Facetten finden sich bei den Drohnen – schließlich müssen sie eine Bienenkönigin finden, da es ihre einzige Aufgabe ist, sich mit einer Bienenkönigin zu vereinen. Diese beiden Augen können nach oben, unten, seitlich und vorne sehen und erschaffen ein Puzzle-Bild aus Einzelbildern, bei denen alles gleich scharf, aber sehr „pixelig" ist. Bienen können also nur aus der Nähe klar sehen. Das menschliche Auge hat eine 12.000-mal größere Bildauflösung: Jedes menschliche Auge hat 120.000.000 Helligkeits-Rezeptoren und 7.000.000 Farbrezeptoren. Trotzdem sind Bienen in der Lage z.B. Gesichter zu erkennen.

Bienen finden strukturreiche Blüten wie z.B. die vielen kleinen Blüten der Blütendolde des Holunders interessanter als einfache Blüten. Ebenso fliegen sie eher Blüten mit 12 als mit 6 Blütenblättern an. Daher erkennen sie auch strahlenförmige oder eingeschnittene Formen besser als gefüllte Kreise oder Rechtecke – sie sind sozusagen Blütenblätter-orientiert. Die Bienen können Blüten erst ab ca. 1m Entfernung erkennen, weshalb sie sich bei ihrer Suche zunächst an dem Duft der Blüte orientieren und beim Näherkommen dann auch noch an der Farbe – wenn viele Blüten gleicher Farbe beisammenstehen. Erst wenn sie ganz nah sind, orientieren sie sich an der Form der Blüte.

Mit ihren beiden Facettenaugen können Bienen auch Farben sehen. Sie sehen zwar kein Rot, dafür aber UV-Licht. Folglich sehen sie die Welt in anderen Farben als wir Menschen. Das menschliche Augen kann drei Farben unterscheiden: rot, gelb, blau; das Biene-Auge kann vier Farben unterscheiden: gelb, blaugrün, blau, ultraviolett. Dazu kommen dann noch die Mischfarben, die dadurch entstehen, dass etwas in mehreren Farben gleichzeitig gesehen wird.

Die Menschen sehen also 3 Grundfarben (rot, gelb, blau), drei einfache Mischfarben (grün, orange, violett) und eine dreifach-Mischfarbe (braun) – das sind insgesamt 7 grundlegende Farben plus hell und dunkel.

Die Bienen sehen 4 Grundfarben (gelb, blaugrün, blau, ultraviolett), woraus sich 6 zweifach-Mischfarben, 4 dreifach-Mischfarben und 1 vierfach-Mischfarbe ergeben – das sind insgesamt 15 grundlegende Mischfarben plus hell und dunkel. Die Welt ist für die Bienen zwar deutlich unschärfer zu sehen als für uns Menschen, aber durch die doppelte Anzahl an Farben, die sie wahrnehmen können, ist die Welt auch sehr viel bunter, was die Orientierung wieder erleichtert.

Da das rote Licht fortfällt, aber das UV-Licht hinzukommt, sehen die Blüten für die Bienen anders aus als für Menschen. Sie sehen UV-Muster auf den Blüten, die für uns unsichtbar sind. Blütenblätter haben oft eine UV-Landemarkierung für die Bienen, die das menschliche Auge nicht sehen kann.

Bei einer größeren Entfernung von einem Objekt verschwimmen die Farben aufgrund der geringen Sehschärfe für die Bienen jedoch zu einem diffusen Grau. Sie sehen Landschaften insgesamt also nur als helleres oder dunkleres Grau. Dasselbe geschieht auch, wenn die Bienen schnell fliegen – auch dann verschwimmen die Farben miteinander zu einen schwarz-grau-weißen Bild. Das geschieht bereits ab einer Geschwindigkeit von ca. 5km/h.

Daher orientieren sich die Bienen zuerst an dem Duft der Blüten, wenn sie näher kommen, an der Farbe der Blüten und ab einer Entfernung von 1m an der Form der Blüten – eine 3-Stufen-Annäherung.

Orientierungssehen

Die zweite Wahrnehmungsmöglichkeit der Honigbienen ist das Sehen mit den drei kleinen Knopfaugen oben auf ihrem Kopf zwischen und etwas hinter den beiden großen Facettenaugen. Diese drei Augen sind in einem ungefähr gleichseitigen Dreieck, das mit einer Spitze nach vorne weist, angeordnet. Diese drei Augen bestehen jeweils aus einer Linse und dahinter 800 Sehzellen.

Diese „Ocellen" genannten Augen sind einfach gebaute Augen, die neben der Informationen über die generelle Helligkeit auch noch die Richtung von polarisiertem Licht erkennen können.

Die Brechung des Lichtes, das von der Sonne kommt, an der Atmosphäre der Erde zwingt dem Licht eine senkrechte Schwingungsrichtung auf (Polarisierung). Daraus ergibt sich – wenn man wie die Biene diese Polarisierung wahrnehmen kann – ein Muster aus konzentrischen Kreisen rings um die Sonne. Da dieses Muster auch bei einem bewölkten Himmel noch immer zu sehen ist, weiß die Biene stets, wo die Sonne steht.

Diese drei Augen nehmen die Lichtintensität wahr und helfen den beiden Facettenaugen, die Farbveränderung der Blüten bei verschiedenen Lichtverhältnissen zu verarbeiten und die Blüten trotzdem zu erkennen.

Die Biene kann anhand der Helligkeit und des Sonnenstandes die Tageslänge und die Tageszeit erkennen.

Einige Bienen sind auch nachtaktiv, sie haben vergrößerte Augen auf dem Kopf, mit denen sie jedoch nur die Helligkeit erkennen können, aber keine Formen. Diese nachtaktive Strategie bietet diesen Bienen Schutz vor Bienen-fressenden Tieren und ermöglicht ihnen die Nutzung von Blüten, die nur nachts blühen.

Hören

Die dritte Wahrnehmungsmöglichkeit der Honigbienen ist das Hören, also die Wahrnehmungen von Schwingungen in der Luft. Diese Schallwellen können die Bienen rudimentär mit den Antennen wahrnehmen. Diese „Antennen-Ohren" sind von ihrer Hör-Schärfe jedoch bei weitem nicht den menschlichen Ohren vergleichbar.

Erschütterungsspüren

Die vierte Wahrnehmungsmöglichkeit der Honigbienen ist das Erkennen von Erschütterungen des Bodens oder des Gegenstandes, auf dem die Biene gerade hockt, mithilfe ihrer Beingelenke. Die Bienen haben also eine Art Erschütterungs-Sinnesorgan in ihren „Knien". Menschen nehmen solche Erschütterungen mit dem Körperteil wahr, mit dem sie sich gerade in Kontakt mit dem befinden, das erschüttert wird.

Riechen

Die fünfte Wahrnehmungsmöglichkeit der Honigbienen ist der Geruchssinn. Bienen können besser riechen als Hunde und können Gerüche kilometerweit wahrnehmen. Sie riechen mithilfe ihrer Antennen, an denen sich Poren befinden, die mit einem Häutchen verschlossen sind und die verschiedensten Düfte unterscheiden können. Die Bienen haben also eine „externe Nase". Mit ihr können sie sogar erkennen, was in einer verschlossenen Wabe gespeichert wird, und sie können „räumlich riechen", da ihre beiden Antennen einen unterschiedlichen Gehalt eines Duftstoffes in der Luft und folglich die Richtung, aus der er kommt, wahrnehmen können. Sie können auch erkennen, an welchem Fühler ein Duft zuerst ankommt. Dabei können sie Zeitunterschiede bis zu 6 Millisekunden erkennen – das entspricht der Geschwindigkeit, mit der sie auch Bilder sehen könne (also 200-300 Bilder pro Sekunde). Auch das Erkennen der Zugehörigkeit einer Biene zum eigenen Volk wird über den Geruch dieser Biene überprüft.

Im Unterschied zum Menschen müssen die Duftstoffe bei den Bienen nicht angefeuchtet werden – d.h. dass der Geruchssinn der Bienen kein „umgebauter Geschmackssinn" wie beim Menschen ist. Der Geschmackssinn im Mund ist ja in einem stets feuchten Bereich (Speichel).

Mittlerweile werden dressierte Bienen auch bei der Drogensuche eingesetzt.

Schmecken

Die sechste Wahrnehmungsmöglichkeit der Honigbienen ist der Geschmackssinn, der sich bei den Bienen an den Beinen und Füßen befindet. Sie schmecken also das, worauf sie stehen.

Sie haben allerdings auch einen Geschmackssinn an der Zungenwurzel in ihrem Mund. Sie können Zuckerlösungen erst ab 4% Zucker als „süß" wahrnehmen, da sie sonst auch schwächere Zuckerlösungen sammelt würden, wodurch sie dann jedoch mehr Energie durch das Fliegen verbrauchen als durch Sammeln erhalten würden. Nektar und Honigtau haben ca. 20% Zucker.

Die Geschmackswahrnehmung der Bienen ist ähnlich wie beim Menschen – allerdings können sie keine Bitterstoffe wahrnehmen.

Tasten

Die siebte Wahrnehmungsmöglichkeit der Honigbienen ist ihr Tastsinn. Da sie jedoch keine weiche Haut haben, sondern von einem Chitin-Panzer umhüllt sind, muss sie an verschiedenen Stellen „Taster" ausstrecken. Das kann man mit einem Ritter vergleichen, der auch eine Hand aus seiner Rüstung heraus ausstrecken müsste, um etwas ertasten zu können – zumindest um Dinge zu ertasten, die feiner sind als eine Wand, gegen die er versehentlich mit dem Kopf gestoßen ist.

Zu diesem Zweck hat die Biene viele einzelne Taster an Kopf und Beinen. Die wichtigsten Taster sind ihre beiden Antennen. Mithilfe der Haare auf den Antennen und der Borsten am ganzen Körper können die Bienen räumliche Formen abtasten.

Temperatur spüren

Die achte Wahrnehmungsmöglichkeit der Honigbienen ist das Erkennen von Temperaturen, wofür wieder die Antennen zuständig sind. Diese beiden Antennen (Fühler) sind sozusagen das Universalwahrnehmungsorgane der Bienen.

Feuchtigkeit spüren

Die neunte Wahrnehmungsmöglichkeit der Honigbienen ist das Erkennen von Feuchtigkeit einschließlich der Luftfeuchtigkeit, die sie sehr genau wahrnehmen können. Auch das geschieht mithilfe der beiden Antennen.

Geschwindigkeitsmessung

Die zehnte Wahrnehmungsmöglichkeit der Honigbienen ist das Erkennen der relativen Geschwindigkeit der Biene zur sie umgebenden Luft. Ob sie dabei die Windstärke einberechnen kann und so ihre Geschwindigkeit in Bezug auf den Erdboden erkennen kann, ist ungewiss. Auf den Menschen übertragen wäre diese Wahrnehmung der Luftdruck des Windes im Gesicht bzw. die flatternden Haare – was allerdings wahrscheinlich deutlich ungenauer ist als die Biegung der Antennen der Bienen beim Fliegen, mit deren Hilfe sie ihre Fluggeschwindigkeit messen können.

Spüren elektromagnetischer Ladungen

Die elfte Wahrnehmungsmöglichkeit der Honigbienen ist das Erkennen von elektrostatischen Ladungen. In der Nähe solcher Ladungen werden die beiden Antennen von der Ladung angezogen. Daher können sie die Richtung, in der sich eine solche Ladung befindet, wahrnehmen.

Magnetfelderspüren

Die zwölfte Wahrnehmungsmöglichkeit der Honigbienen ist das Erkennen von Magnetfeldern, d.h. vor allem das Erkennen des Erd-Magnetfeldes. Das ist ihnen mithilfe der Magnetkristalle (Magnetit) in ihrem Hinterleib möglich.

In der Regel richten sie ihre Waben nach dem Magnetfeld der Erde aus

Gravitationsspüren

Die dreizehnte Wahrnehmungsmöglichkeit der Honigbienen ist der „Schweresinn". Dabei wird der Hinterleib, der an dem Vorderleib hängt, nach unten gezogen. An der genauen Richtung, in die der Hinterleib durch sein Gewicht gezogen wird, können die Bienen ihren Winkel in Bezug auf das „Unten", also zur Erde hin erkennen. Dieses Verfahren, das ihnen Orientierung in den dunklen Waben und Höhlen gibt, kann man der Verwendung eines Lots vergleichen.

Gleichgewicht

Die vierzehnte Wahrnehmungsmöglichkeit der Honigbienen ist eine Kombination aus zwei der bereits beschrieben Sinne und ermöglicht ihnen das Halten ihres Gleichgewichts. Sie können zum einen das „Unten" anhand der Richtung, in die ihr Hinterleib durch sein Gewicht zieht, erkennen, und sie können zum anderen mit ihren drei Punktaugen („Ocellen") die Polarisierung des Lichtes und dadurch ein innerhalb kurzer Zeitspannen konstantes „Oben" erkennen.

Anhand der Polarisierung des Lichtes können sie möglicherweise zudem den theoretischen Horizont (also wie er in einer Ebene ohne Berge wäre) erkennen und dadurch eine stabile Fluglage einhalten – doch ob die Bienen wie ein Flugzeugpilot zu dieser fortgeschrittenen „Berechnung" in der Lage sind, ist ungewiss.

Erinnern

Als fünfzehntes kommt bei den Bienen noch ihr Gedächtnis als Verarbeitungsmöglichkeit hinzu.

Bienen können sich Landmarken merken (Bäume, Berge, Häuser usw.), d.h. sie entwickeln nach und nach eine innere Landkarte. Die Bienen können sich, wenn sie in einem verschlossenen Behälter an einen neuen Ort gebracht werden, anhand der Landschaft orientieren und finden sofort wieder zu dem vorher benutzten Futterplatz bzw. zum Bienenstock zurück. Dabei benutzen sie den Sonnenstand, um sich zu orientieren. Der Sonnenstand wird durch das Polarisationsbild des Lichtes am Himmel und die Wahrnehmung des Magnetfeldes der Erde unterstützt.

Die Bienen haben auch ein Zeitgedächtnis: Manche Pflanzen liefern nur zu bestimmten Tageszeiten Nektar, was die Biene sich merken kann. Die Nektar-Tageszeiten der verschiedenen Blütenarten lernt die Biene durch Versuch und Irrtum. Dabei ist nur ein einziger Versuch notwendig, wenn die Biene bei der Blüte Nektar findet und gleichzeitig den Sonnenstand wahrnehmen kann. Durch dieses „Blüten-Wissen" entsteht in ihr ein Tageslauf-Bild für die Zeiten, zu denen die einzelnen Blütenarten Nektar haben – der Sonnenstand zeigt ihr, welche Blüte jetzt an der Reihe ist.

Mit dem Alter wächst das Gehirn der Biene: Wenn sie zur Sammelbiene wird und ausfliegt, hat sie ihr Gehirn um 160.000 Zellen erweitert. Das sind bei ihren 100

Millionen Gehirnzellen allerdings nur 0,2%. Zum Vergleich: Ein Mensch hat ca. 86 Milliarden Gehirnzellen – also knapp 1000-mal so viele.

Lernen

Als fünfzehntes kommt bei den Bienen noch ihre Lernfähigkeit hinzu. Bienen können mehrere Dinge erinnern, vergleichen, zwischen Alternativen die bessere Möglichkeit auswählen, Veränderungen mitbedenken (Wetter, Pollen an einem Ort vollständig abgeerntet) usw. Sie haben ein assoziatives Lernen wie die Säugetiere und die Vögeln. Dabei stufen sie eigene Erfahrungen höher ein als die Mitteilungen anderer Bienen. Beim Treffen von Entscheidungen bedenken sie auch die aktuelle Lage im Bienenstock.

Tanzen

Als sechzehntes kommt bei den Bienen noch eine Form der Sprache hinzu. Dies sind Tänze bzw. komplexe Gesten. Die Tänze dienen alle der Verständigung, der Koordination und der Kooperation.

Es gibt fünf verschiedene Tänze, die die Bienen bei verschiedenen Gelegenheiten aufführen:

Der Kreistanz

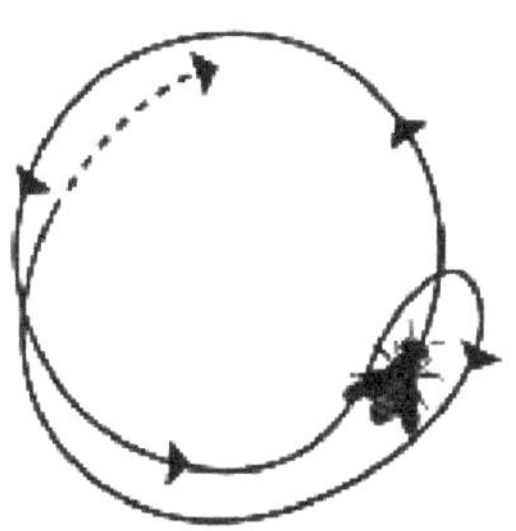

Bei diesem Tanz läuft die Biene einen Kreis, dreht sich dann um und läuft ihn in die entgegengesetzte Richtung. Diesen Kreistanz führt die Biene auf, wenn die entdeckte Nahrung weniger als ca. 15m entfernt ist. Wenn die Nahrung mehr als ca. 40m entfernt ist, führt sie den Wedel-Kreistanz auf (siehe nächste Beschreibung). Zwischen diesen beiden Entfernungen führt sie Mischformen der beiden Tänze auf, weshalb diese beiden „Grenz-Distanzen" nicht ganz eindeutig angegeben werden können.

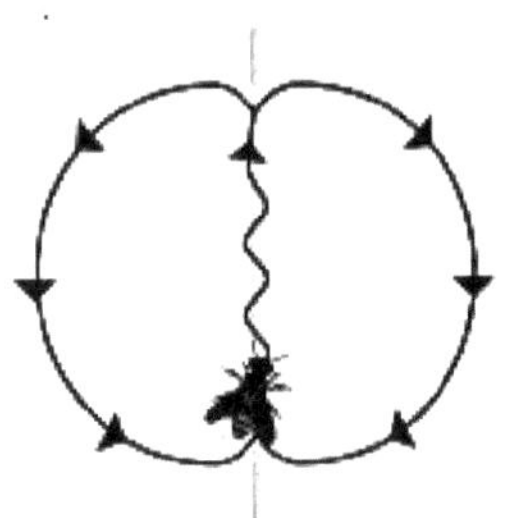 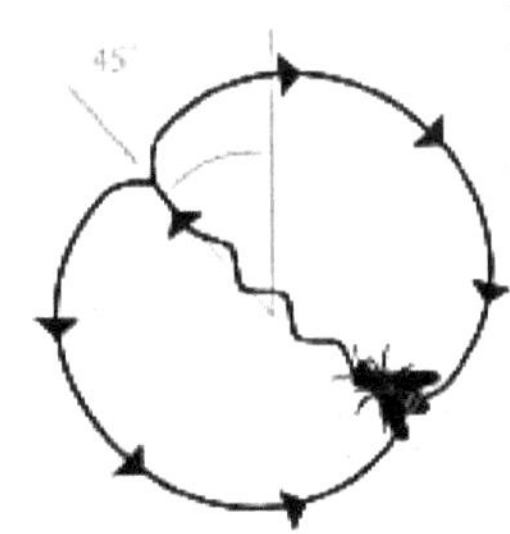

Bei diesem Tanz läuft die Biene ein Stück geradeaus und bewegt den Hinterleib so schnell hin und her (13-15mal/Sekunde), dass man ihn als Mensch kaum noch erkennen kann. Dabei geht sie einmal geradeaus und kehrt dann in einem Halbkreis rechts herum zum Ausgangspunkt zurück und wiederholt dann die gerade Bewegung. Danach kehrt sie jedoch links herum in einem Halbkreis zum Ausgangspunkt zurück – also: gerade, rechts herum, gerade, links herum, gerade, rechts herum usw.

Dieser Tanz, der auch „Wedeltanz", „Wackeltanz" und „Schwänzeltanz" genannt wird, wird wie der vorige Tanz auf der senkrechten Wabe ausgeführt.

Wenn eine Sammlerin zum Bienenstock zurückgeflogen kommt, kommt eine Amme zu der gelandeten Sammlerin, die ihr dann entweder die Nahrung übergibt oder – wenn die Sammlerin eine besonders ergiebige Futterstelle entdeckt hat – einen Tanz für die anderen Sammlerinnen aufführt.

Dabei werden auf verschiedene Weise Informationen weitergegeben.

- Durch den Tanz weist die Biene in den meisten Fällen auf Nahrung hin, aber es kann sich auch um Wasservorkommen oder um eine neue Nist-Möglichkeit handeln.

- Wenn die Biene senkrecht nach oben läuft, liegt die Nahrung – also die Blüten – genau in der Richtung der Sonne (linkes Bild). Weicht sie mit dem geraden Teil des Tanzes 45° nach links hin ab, liegt die Nahrung in dem entsprechenden Winkel links von der Sonnenrichtung (rechts Bild); weicht sie nach rechts hin ab, liegt die Nahrung in dem entsprechenden Winkel rechts von der Sonnenrichtung. Diese Winkelangaben sind sehr genau. Die Zuschauer-Bienen merken sich den Winkel zwischen der Futterrichtung und der Sonne und wenn sie erst deutlich später losfliegen, rechnen sie den Winkel in Bezug auf die Sonne, die ja inzwischen weitergewandert ist, korrekt um.

- Möglicherweise hängt der Tanz auch ein wenig von den landschaftlichen Gegebenheiten ab.

- Die Dauer der Wedel-Bewegung gibt die Entfernung zum Futter an: 1 Sekunde scheint 1 km zu sein. Sie tanzen langsamer, wenn die Futterquelle weiter entfernt ist – weniger Begeisterung … Die Bienen können die Entfernung offenbar recht genau in eine Dauer übersetzen. Die Übersetzung der Entfernung unterscheidet sich bei den verschiedenen Bienen-Arten

- Die Heftigkeit des Tanzes zeigt die Fülle an Blüten an. Je begeisterter die Biene von ihrem Fund ist, desto schneller wedelt sie. Der Tanz wird manchmal nur einmal durchgeführt, bei anderen Gelegenheiten aber bis zu 100-mal wiederholt. Die Häufigkeit ist ein Hinweis auf die Ergiebigkeit der Fundstelle. Weiterhin erzeugen die Bienen einen Ton beim Tanz, dessen Intensität zeigt, wie viel Futter sie gefundenen haben. Wenn die Bienen jedoch eine tote Biene der eigenen Art an einem Futterplatz finden, berichten sie weit zurückhaltender von dem Fund – sie wägen also Futter gegen Gefahr ab.

- Jede Biene zeigt durch ihren Tanz, wo sie Nahrung gefunden hat. Die anderen Bienen vergleichen diese Tänze und entscheiden dann, welcher Biene sie folgen. Es folgen immer nur einige Bienen der Sammlerin-Biene nach ihrem Tanz – ca. 10% der Zuschauerinnen.

- Vermutlich kombinieren die Zuschauerinnen dabei die durch den Tanz übermittelten Informationen mit ihrem eigenen Landschafts-Gedächtnis. Aufgrund der Richtungs- und Entfernungsangabe können sie ungefähr erkennen, um welchen Ort es sich handelt. Vermutlich findet dabei auch ein Vergleich von eigenen Informationen mit den Informationen der tanzenden Sammlerin statt – wobei dabei vermutlich die sicheren eigenen Informationen den Informationen der tanzenden Biene vorgezogen werden.

- Manchmal entstehen sogar Kämpfe zwischen zwei oder mehr Bienen um die Aufmerksamkeit der anderen für den eigenen Wedeltanz – anscheinend glaubt jede der Bienen, den ergiebigsten Futterplatz gefunden zu haben …

- Beim Tanzen produzieren die Bienen zwei Alkane (Wachs-Bestandteile: Tricosan und Pentacosan) und scheiden sie auf ihren Hinterleib und in die Luft aus. Vermutlich sind das Begeisterungs-Duftstoffe.

- Der Tanz wird auch durch den Duft des mitgebrachten Pollens und Nektars unterstützt – die anderen Bienen können anhand dieses Duftes erkennen, was die Tänzerin gefunden hat. Auch die Weitergabe der gesammelten Nahrung an die Ammen-Bienen verdeutlicht den anderen die Qualität der gefundenen Nahrung. In Zeiten, in denen Nahrung knapp ist, folgen mehr Bienen der tanzenden Sammlerin. Bienen folgen bevorzugt älteren, erfahrenen Tänzerinnen.

- In den Tropen, wo nur vereinzelt, aber dann viel Futter zu finden ist (z.B. selten blühende Bäume) ist der Tanz viel wichtiger und wird auch von mehr Bienen befolgt.

- Der Tanz ist in seinen Grundlagen vermutlich genetisch festgelegt. Neue Sammlerinnen beobachten jedoch erst einmal ca. 4 Tage lang die Wedeltänze der erfahreneren Sammlerinnen, bevor sie selber ausfliegen. Experimente haben bestätigt, dass die Bienen diesen Tanz zumindest teilweise durch Beobachtung lernen (ähnlich wie Vögel ihren Gesang teilweise ererben, aber teilweise auch erlernen). Wenn zwei Bienenarten zusammenleben (im Experiment), sind sie in der Lage, nach und nach den „Tanz-Dialekt" des anderen Volkes zu verstehen.

Wie die Vielfalt der Beschreibungen schon zeigt, ist es zwar deutlich, dass die Tänzerin den anderen Sammlerinnen etwas voller Begeisterung mitteilt, aber was die einzelnen Bewegungen genau bedeuten, ist nur näherungsweise bekannt. Vermutlich sind die Informationen, die nach den vorstehenden Beschreibungen ja zum Teil doppelt und dreifach definiert sind, allesamt von Bedeutung. Das Darstellen der Ergiebigkeit einer Futterstelle durch häufige Wiederholung des Tanzes, durch besonders lautes Summen, die Schnelligkeit der Bewegungen, die Heftigkeit des Schwänzelns usw. können schließlich auch alle Aspekte derselben Aussage sein – so wie begeisterte Menschen ja auch gleichzeitig laut und schnell reden, eine lebhafte Mimik haben, hin und her laufen, weit ausholende Gesten machen können usw. Vielleicht sollte man diese Vielfalt an Möglichkeiten einfach als ein Gesamtbild auffassen und nicht so sehr wie eine nüchterne mathematische Information – obwohl die Tanz-Informationen natürlich trotzdem klar und eindeutig sein könnten.

Vibrations-Tanz

Der Vibrations-Tanz besteht aus einer schnellen Bewegung in der Rücken/Bauch-Richtung, wenn eine Biene mit anderen Biene in Kontakt ist. Er tritt besonders dann auf, wenn mehr Nahrung gesammelt werden muss. Er ist auch oft vor dem Schwärmen, also dem Teilen des Bienenvolkes zu beobachten.

Man kann diese Bewegung als große Aufregung auffassen.

Vibrations-Tanz mit Kopfstoß

Ein kurzer Vibrations-Tanz mit anschließendem Kopfstoß gegen die Biene, vor der die Tänzerin steht, ist ein Zeichen, dass etwas nicht gebraucht wird oder das etwas gefährlich ist. Bei diesem „head-banging"-Tanz kann es darum gehen, dass genügend Nahrung vorhanden ist, dass Bienenfeinde unterwegs sind und dergleichen mehr.

Zitter-Tanz

Der Zittertanz ist ein Ruf nach Hilfe: Er wird aufgeführt, wenn Ammen von einer zurückgekehrten Sammlerin Pollen und Nektar übernehmen sollen oder wenn eine Biene um Pflege durch eine andere Biene bittet, wenn sie von Kalkstaub bedeckt ist oder eine Milbe auf ihr sitzt.

Wenn der Zittertanz einer Sammlerin anzeigt, dass die Sammelbienen mehr Arbeiterinnen brauchen, die ihnen den Nektar und den Pollen abnehmen, übernehmen einige Arbeiterinnen diese Tätigkeit statt selber auszufliegen und zu sammeln.

Ursprung der Tänze

Die begeisterten Bewegungen, das Zittern, das Zickzack-Laufen, das Summen, das Anstoßen anderer Honigbienen usw. ist auch als Verhalten von verschiedenen anderen Bienen, Wespen, Hummeln und Ameisen bekannt. Es muss sich dabei also um ein sehr altes Verhalten handeln, durch das staatenbildende Insekten ihr Verhalten aufeinander abstimmen.

Das aufgeregte Verhalten, das zu einem Mini-Schwarm führt, der zu einer guten

Futterstelle fliegt, ist vermutlich von dem Verhalten des Schwarms abgeleitet, wenn er sich teilt und zwei neue Bienenvölker bildet. Diese Tänze könnten daher ursprünglich möglicherweise auf einen neuen guten Nistplatz und nicht auf Nahrung hingewiesen haben. Allerdings wäre in beiden Fällen die Aufregung der Bienen verständlich.

4. Gemeinschaft

Über die Art der Gemeinschaft der Bienen lässt sich nicht viel sagen, obwohl dies etwas sehr Wichtiges ist: Ein Bienenvolk ist eine Familie.

Die Königin ist die Mutter eines Bienenvolkes. Sie hat mehrere 10.000 Töchter – die Arbeiterinnen. Sie hat einige 100 Söhne – die Drohnen. Solch ein Bienenvolk hat ca. ein Dutzend Väter – die Drohnen, mit denen sich die Königin bei ihrem Paarungsflug vereint hat, bevor sie zu der Mutter eines Bienenvolkes wurde.

In dieser Familie sind alle eng miteinander verwandt – sie bilden sozusagen ein „Mega-Rudel" mit der Königin als der Mitte. In dieser extrem kinderreichen Familie bildet sich ein einheitlicher Sippen-Duft, an dem sich die miteinander verwandten Bienen sofort erkennen können. Es gibt eine klare Trennung von Innen (eigener Schwarm) und Außen (andere Bienen, andere Tiere). Das Innen wird gegen das Außen verteidigt.

Diese Bienen-Familie wohnt in einer einzigen Wohnung, d.h. genaugenommen in einem einzigen Zimmer.

In dieser Familie gibt es eine weitgehende Arbeitsteilung – alle tragen einen Teil zum Gedeihen des Ganzen bei. Bienen handeln so gut wie immer solidarisch: „Eine für alle – alle für eine!"

Man kann daher einen Bienenschwarm, in dem ja alle Bienen genauso miteinander kooperierenden wie die Zellen in einem Lebewesen, auch als einen komplexen Organismus auffassen – oder eben wie einen gut organisierten Staat, in dem alle miteinander kooperieren.

Diese Kooperation hat schon Immanuel Kant beeindruckt, der sie deshalb als Bild für seine Vorstellung von einem kooperativen Zusammenleben der Menschen genommen hat: „Der Mensch war nicht bestimmt wie das Hausvieh zu einer Herde, sondern wie die Biene zu einem Stock zu gehören."

5. Lebenszyklus

ଣ

Das Leben in einem Bienenscharm läuft immer wieder gleich ab – in einem Zyklus, der ungefähr 2-7 Jahre umfasst.

Die alte Königin

Ein solcher Zyklus beginnt damit, dass die Königin allmählich alt wird. Sie legt dann Königinnen-Eier in die Waben, damit eine Nachfolgerin schlüpfen kann.

Wenn die Königin alt oder krank und allmählich unfähig zum Eier-Ablegen wird, strömt sie weniger Duftstoffe („Pheromone") aus, was die Bindung der Arbeiterinnen an ihre Königin allmählich auflöst.

Wenn der Imker cine neue Königin will, schneidet er ihr eines der mittleren oder hinteren Beine ab, wodurch sie ihre Eier nicht mehr richtig ablegen kann.

Dann bereiten die Arbeiterinnen alles dafür vor, die alte Königin zu ersetzen. Das beginnt damit, dass sie Waben-Zellen für Jungfrau-Königinnen anlegen und die Königin dann Eier in diese Zellen legt.

Die Jungfrau-Königinnen

Die Eier, aus denen die neuen Königinnen schlüpfen sollen, brauchen wie alle anderen Bienen-Eier auch 3 Tage, bis sie zur Larve werden.

Das Larven-Stadium dauert 5 Tage. Die Larven werden ausgiebig gefüttert.

Danach verpuppen sich die Larven, d.h. sie spinnen sich in die „Seidenfäden" ein, die sie aus ihrem Mund ausspeien. Die Verpuppung dauert bei den Königinnen 8 Tage. In dieser Zeit macht die verpuppte Larve in ihrem Kokon eine vollständige Verwandlung

(„Metamorphose") durch, bei der sie sich mehrmals häutet.

Vom Ei bis zum Schlüpfen der Königin dauert es 16 Tage. Ab dem 23. Tag ist sie fruchtbar. Die geschlüpfte Jungfrau-Königin ist 18-22mm lang und wiegt 0,2g.

Der Königin-Mord

Wenn die Jungfrau-Königinnen zu schlüpfen beginnen, drängen sich die Arbeiterinnen um ihre alte Königin und bilden eine Kugel aus Bienen rings um sie und erhitzen sie zwischen sich so sehr, dass sie stirbt.

Der Kampf der Jungfrau-Königinnen

Die Jungfrau-Königinnen sind sehr aktiv – schon in ihren Zellen vor dem Schlüpfen ist von ihnen ein vibrierendes „Beben" zu hören. Der Grund für dieses „Beben" ist noch unbekannt.

Wenn die Jungfrau-Königinnen geschlüpft sind, bleiben sie im Bienenstock und geben ein „Pfeifen" von sich, das klingt, als wenn jemand in eine Plastik-Tröte bläst. Das ist sozusagen ihr Kriegsschrei, durch den sie die anderen Jungfrau-Königinnen zum Kampf herausfordern und durch den sie die Arbeiterinnen überzeugen will, das sie selber die Jungfrau-Königin ist, die es wert ist, von den Arbeiterinnen unterstützt zu werden.

Die Jungfrau-Königinnen kämpfen gegeneinander und töten sich gegenseitig bis nur noch eine Jungfrau-Königin übrigbleibt. Diese Jungfrau-Königin tötet dann auch alle Königin-Puppen in den Zellen, die noch nicht geschlüpft sind.

Diese Siegerin in dem Kampf der Jungfrau-Königinnen „ergreift dann das Szepter" in dem Bienenstock.

Der Paarungsflug

Die überlebende Jungfrau-Königin fliegt zwischen dem 6. Und 10. Tag nach dem Schlüpfen an einem sonnigen, warmen Tag zu einem Drohnen-Versammlungsplatz, an dem sie sich mit 12-20 Drohnen vereint. Die Drohnen halten bei der Paarung die

Königin mit ihren Hinterbeinen fest.

Wenn das Wetter gut bleibt, kehrt sie mehrere Tage dorthin zurück, bis sie ihre Paarung vollendet hat. Sie träg dann bis zu 6.000.000 Spermien in sich, die sie dann in ihren 2-7 Lebensjahren benutzen wird.

Die neue Königin

Die Ei-Ablage durch die Königin beginnt meistens 2-3 Tage nach der letzten Rückkehr, manchmal jedoch auch schon früher. Wenn die Ei-Ablage beginnt, hat die neue Königin sozusagen ihren Thron bestiegen und mit der Ausübung ihrer Aufgabe begonnen, die sie ab diesem Zeitpunkt 2-7 Sommer lang innehaben wird.

Der Aufbruch im Frühjahr

Nach der Ruhepause im Winter beginnt die Königin Anfang März damit, neue Eier zu legen, sodass dann ungefähr zu Frühlingsanfang am 21. März die ersten Arbeiterinnen schlüpfen. Diese Zeiten können jedoch abhängig von den klimatischen Bedingungen variieren.

Der Reinigungsflug

Die Honigbienen scheiden den ganzen Winter über keinen Kot aus, sondern sammeln ihn in der Kotblase in ihrem Hinterleib – das macht dann am Ende des Winters bis zu 80% des Volumens ihres Hinterleibes aus. Das ist sinnvoll, da sie den ganzen Winter über in einer dicht gepackten Kugel zusammenhocken und der Kot ansonsten überall zwischen den Bienen liegen würde. Das wäre nicht sonderlich hygienisch und könnte die Verbreitung von Krankheiten fördern.

Sobald es wieder warm genug zum Fliegen ist, verlassen alle Bienen mehr oder weniger gleichzeitig den Bienenstock, um ihren Kot loszuwerden, den sie während des Fliegens fallenlassen. Oft fällt dieser Kot dann auf die Wäsche, die von den Menschen in die erste Frühlingssonne in den Garten zum Trocknen aufgehängt worden ist – doch statt von der Sonne weiß gebleicht zu werden, haben die Bettlaken dann lauter kleine braune Pünktchen und müssen noch einmal gewaschen werden …

Dieser „Toiletten-Flug", den die Bienen nach dem langen Winter vermutlich sehnsüchtig erwarten, darf auch nicht zu früh stattfinden, da die Bienen sonst in der noch kühlen Luft oder auf dem Schnee erstarren und dann erfrieren könnten.

Das Ei

Die Zeit, in der die Königin Eier legt, dauert von Anfang März bis Oktober oder November – das variiert je nach Bienenart und Wetter ein wenig.

Die Eier sind länglich, leicht gebogen und an einem Ende etwas schlanker. Die Weibchen und die Königinnen entstehen aus befruchteten Eiern, die Männchen aus unbefruchteten Eiern. Alle Eier liegen erst einmal 3 Tage lang in ihrer Waben-Zelle.

Die Befruchtung geschieht erst in dem Ei selber – ca. 2-3 Stunden nach der Eiablage in dem besamten Ei.

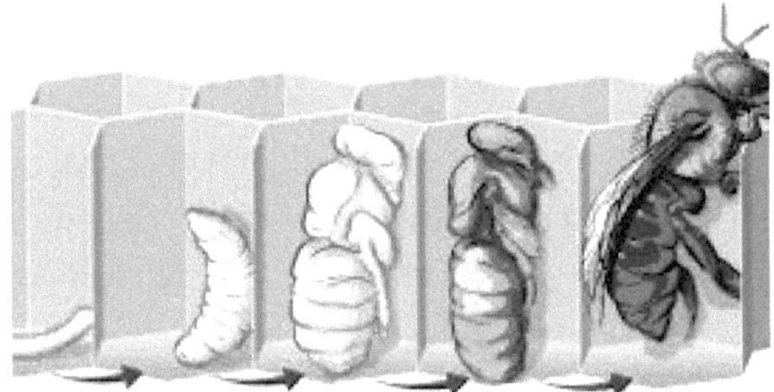

Die dünne Rundmade

Die Larve schlüpft nach 3 Tagen aus dem Ei und wird dann in ihrer Waben-Zelle von den Ammenbienen mit Futtersaft aus ihren Futterdrüsen gefüttert (das entspricht den Milch-Brüsten der Säugetiere). Die Honigbienen-Larve ist eine dünne halbkreisförmig gebogene Made.

Die Larven der meisten Bienen-Arten sind längliche Maden. Sie sind ungefähr oval und haben an beiden Enden abgerundete Spitzen. Sie bestehen aus 15 Segmenten mit Atemlöchern in jedem Segment. Sie haben keine Beine, aber bewegen sich in der Zelle mithilfe der Höcker an ihren Seiten. Sie haben kurze „Hörner" auf dem Kopf und Kiefer zum Kauen von Nahrung.

An den beiden Tagen nach dem Schlüpfen aus dem Ei häutet sich die Larve jeweils einmal – also an Tag 4 und 5 ihres Lebens.

Die dicke Rundmade

Die bisher noch recht dünne Larve wird weitergefüttert – allerdings bekommt sie jetzt schon robustere Kost: Blütenstaub (Pollen) und Honig. Sie wächst nun zu einer dicken, dreiviertelkreisförmig gebogene Made heran.

An dem 6. Tag nach der Ei-Ablage häutet sich die Larve zum drittenmal.

Die Streckmade

Die Made wird nun so dick, dass sie nur noch weitgehend gestreckt mit nur noch einer geringen Biegung in die Wabe passt. Sie wird weiterhin von den Ammen-Bienen gefüttert und wiegt nun das 5000-fache des Eies, das sie vor 7 Tagen noch gewesen ist.

An dem 7. Tag nach der Ei-Ablage häutet sich die Larve zum viertenmal.

Die Schließen der Zelle

Die Wabenzelle wird am 8. Tag von den Bau-Bienen mit einem luftdurchlässigen Deckel verschlossen. Die Made ist nun fertig gefüttert worden. Im diesem Ruhestadium werden alle Madenorgane eingeschmolzen und neu gebildet.

Sobald sich die Strecklarve zu verpuppen beginnt, also sich in den Kokon einspinnt, werden die Zellen von den Bau-Bienen mit Wachs verschlossen, damit die Puppe während ihrer vollständigen Metamorphose gut geschützt ist.

Die Vorpuppe

Die Streckmade verwandelt sich vom 8.-11. Tag in der verschlossenen Wabenzelle in eine Vorpuppe. Die Vorpuppe verwandelt sich während der 5 Tage ihrer Verpuppung nach und nach in eine geflügelte Biene. Am 15. Tag häutet sie sich zum fünftenmal. Aus dieser 5. Häutung geht die Puppe hervor, die schon die Gestalt der Biene hat.

Die Puppe

Die Vorpuppe spinnt sich am 16. Tag mithilfe des Seidenfadens, der aus einer Drüse unter dem Mund (die spätere Speicheldrüse) herauskommt, vollständig ein und wird dadurch zur Puppe. Dieser Kokon ist halbdurchsichtig, sodass man die Puppe durch den Kokon hindurch sehen kann. Dieser Kokon ist ein sicherer Schutz und verhindert Infektionen u.ä. Störungen.

Beim Einspinnen schrumpft die Larve beträchtlich, da die Nahrungsvorräte für das Ausbilden von Organen und Körperteilen gebraucht werden.

Wenn diese Verwandlung abgeschlossen ist, bricht die Jungbiene den Kokon auf ihrer Rückenseite auf, nagt den Zelldeckel auf, kriecht aus ihm heraus und bricht die Zelle von innen her auf. Das geschieht am 21. Tag nach der Ei-Ablage.

Wenn es draußen noch sehr kalt ist, können sich diese 21 Tage um 1,5 bis 2 Tage verlängern.

Die Säuberungs-Biene

Die Jungbiene ist von ihrem 1. bis zu ihrem 3. Tag nach dem Schlüpfen – also von Tag 22-24 ihres Lebens – als „Putzfrau" im Bienenstock tätig. Sie säubert zum einen ihren eigenen Körper, aber anschließend auch die Wabenzellen.

Die Ammen-Biene

Die Jungbiene ist von ihrem 4. bis zu ihrem 10. Tag nach dem Schlüpfen – also von Tag 25-31 ihres Lebens – als Amme im Bienenstock tätig. Ihre Futtersaftdrüsen („Brüste") sind nun voll entwickelt und sie hilft, die neue Brut in den Waben zu füttern – in denen sie vor gerade mal 21 Tagen selber aus dem Ei geschlüpft ist.

Die Hausmeister-Biene

An den nächsten beiden Tagen (Alter: 32-33 Tage) ist die Biene für die Erhöhung der Luftfeuchtigkeit durch das Verdunsten von Wasser mithilfe von Flügelschlagen vor einem Wassertropfen zuständig und ebenso für das Erhöhen der Temperatur im

Bienenstock durch das Vibrieren („Zittern") mit ihrer Flügelmuskulatur und das Lüften des Bienenstocks durch das Fächeln mit ihren Flügeln.

Die Bau-Biene

Ab dem 13. Tag bis zum 18. Tag nach dem Schlüpfen (Alter: 34-39 Tage) ist die Biene neben ihren „Hausmeisteraufgaben" auch noch mit dem Bau von Waben beschäftigt. Dazu benutzt sie die beiden Reihen von je vier Wachsdrüsen an ihrem Unterleib. In diesen 6 Tagen ihres Lebens gehört sie zu dem „Hausmeister-Trupp" in dem Bienenstock. Die Biene kann nur in diesen 6 Tagen ihres Lebens Wachs produzieren – folglich ist der Bienenstaat dauerhaft auf neugeborene Arbeiterinnen angewiesen.

Die Logistik-Biene

 Gegen Ende ihrer Zeit „am Bau" übernimmt die Biene auch immer wieder einmal die Aufgabe, den Nektar und die Pollen, die von den Sammlerinnen zum Flugloch gebracht werden, anzunehmen und ihn in den Vorratswaben des Bienenstocks einzu-lagern.

Die Wächterin-Biene

Wenn die Biene 34 Tage alt geworden ist (19 Tage nach dem Schlüpfen), kann sie keinen Bienenwachs mehr „ausschwitzen". Dann verlässt sie den „Bau-Trupp" ganz und wechselt allmählich von ihrem Job als Logistik-Biene zu der neuen Aufgabe als Wächterin an dem Flugloch des Bienenstocks. Ihre Giftdrüse ist nun voll entwickelt und sie kann Wespen und Hornissen, die sich dem Bienenstock nähern, zusammen mit den anderen Wächterinnen bekämpfen.

Auch diese Tätigkeit übt sie nur 3 Tage lang aus: nur von ihrem 19. bis zu ihrem 21. Lebenstag. Bienen müssen ständig und schnell viel Neues lernen …

In den 21. Tagen, die die geschlüpfte Biene in dem Bienenstock verbringt, wird sie als „Stockbiene" bezeichnet. Das umfasst ihre Tätigkeiten als Säuberungs-Biene (3 Tage), Ammen-Biene (7 Tage), Hausmeister-Biene (2 Tage), Bau-Biene (6 Tage),

Logistik-Biene (Übergang von Bau-Biene zu Wächterin) und Wächterin-Biene (3 Tage).

Die Sammlerin

Von ihrem 22.-30. Tag nach dem Schlüpfen, also 9 Tage lang (Tag 43-51 ihres Lebens) fliegt die Biene aus, um Pollen, Nektar, Honigtau, Wasser, Harz usw. zu sammeln und zu dem Bienenstock zu bringen.

Nach dieser Zeit stirbt die Biene – sie verbringt also 3 Wochen in ihrer „Kindheit" (Ei bis Schlüpfen) und 4 Wochen als „Erwachsene".

In dieser Zeit bewegt sie sich schrittweise von Innen nach Außen:

Tag		Tätigkeit	Ort
-	(lange)	Ei	im Bauch der Königin
1-21	(21)	Kindheit	in der Wabe
22-24	(3)	Säuberung	in der Mitte des Bienenstocks
25-31	(7)	Brutpflege (Amme)	in der Mitte des Bienenstocks
32-33	(2)	Hausmeisterin	im gesamten Bienenstock
34-39	(6)	Waben-Bau	im gesamten Bienenstock
(37-41)	(-)	Logistik	am Flugloch
40-42	(3)	Wächterin	am Flugloch
43-51	(9)	Sammlerin	außerhalb der Bienenstocks

Das Schwärmen

Wenn der Schwarm so stark angewachsen ist, das er nicht mehr genügend Platz in dem Bienenstock hat und wenn demnächst neue Jungrau-Königinnen schlüpfen werden – also meistens im Sommer – schwärmt der halbe Schwarm mit der alten Königin aus und sucht sich einen neuen Nistplatz in einem hohlen Baum o.ä.

Die andere Hälfte des Schwarms bleibt zurück und eine der neuen Jungfrau-Königinnen wird, wenn sie geschlüpft und in dem Kampf gegen alle anderen Jungfrau-Königinnen gesiegt hat, nach ihrer Paarung mit den Drohnen zur neuen Königin des zurückgebliebene Schwarms. Diese neue Königin ist die Tochter der alten Königin.

Die Drohnen

Die Drohnen sind die männlichen Bienen. Sie sind leicht daran zu erkennen, dass sie größer als Arbeiterinnen, kleiner als die Königinnen und ein wenig plumper als die anderen Bienen sind und größere Augen als die Weibchen haben. Ihre einzige Funktion ist es, sich mit einer Königin zu paaren.

In einem Bienenstock, in dem bis zu 70.000 Bienen zusammenleben können, gibt es ungefähr 1000 Drohnen. Es sind also ungefähr 1-1,5% Drohnen in einem Bienenstock. Die Drohnen leben einige Monate lang.

Die Drohnenschlacht

Da die Drohnen nichts arbeiten und sich nicht selber ernähren, werden sie ab dem Herbst nicht mehr von den Arbeiterinnen versorgt. Sie werden schließlich alle in der „Drohnenschlacht" aus dem Stock geworfen oder getötet. Der Schwarm kann sich den Winter über keine unnützen Esser leisten …

Der Rückzug im Winter

Im Winter zieht sich das gesamte Bienenvolk in den Bienenstock zurück und bildet in der Mitte des Stocks eine Kugel mit der Königin in der Mitte. Die Bienen halten diese Bienentraube in dem Bienenstock auf 15-20° warm. Ein Volk von 20.000 Bienen verbraucht in dieser Zeit ca. 15kg Honig als Nahrung.

Die „Winter-Arbeiterinnen" in dieser Winter-Bienenstock-Kugel leben einige Monate lang – also deutlich länger als die „Sommerbienen", die nach ca. 51 Tagen sterben.

Im Februar beginnen die Bienen den Bienenstock allmählich wieder auf 32-35°

aufzuheizen, damit die Königin wieder Eier legen und diese Eier dann auch zu Larven heranwachsen können.

Der Tod der Königin

Wenn die Königin schließlich alt oder krank wird und deutlich weniger Eier legen kann, beginnt der ganze Zyklus wieder von vorn.

- - -

Arbeiterinnen, Königinnen und Drohnen

Die Entwicklung der Arbeiterinnen, Königinnen und Drohen unterscheidet sich auf mehrere Weisen:

Tag		Arbeiterin	Drohne	Königin
0	Wabenzelle	5,3mm breit	6,9mm breit	11,0mm breit
		11,0mm tief	15,0mm tief	25,0mm tief
		waagerecht	waagerecht	senkrecht
		gerade	gerade	gebogen
1	Ei-Ablage	(befruchtet)	(unbefruchtet)	(befruchtet)
2	Ruhe	Ruhe	Ruhe	Ruhe
3	Schlüpfen	Schlüpfen	Schlüpfen	Schlüpfen
4	Dünne Rundmade	1. Häutung	1. Häutung	1. Häutung
		Futtersaft	*Futtersaft*	*Futtersaft*
5	Dünne Rundmade	2. Häutung	2. Häutung	2. Häutung
		Futtersaft	*Futtersaft*	*Futtersaft*

6	Dicke Rundmade	3. Häutung *Pollen, Honig*	3. Häutung *Pollen, Honig*	3. Häutung *Futtersaft*
7	Made	Streckmade 4. Häutung *Pollen, Honig*	Streckmade 4. Häutung *Pollen, Honig*	Streckmade 4. Häutung *Futtersaft*
8		Zelle verdeckeln	*Pollen, Honig*	Zelle verdeckeln
9			*Pollen, Honig*	
10			Streckmade, verdeckeln	
11		Vorpuppe		Vorpuppe 5. Häutung
12				
13			Vorpuppe	Puppe
14			5. Häutung	
15		5. Häutung		
16		Puppe		6. Häutung (Schlüpfen)
17			Puppe	
18				
19				
20				
21		6. Häutung (Schlüpfen)		
22				
23				

24			6. Häutung (Schlüpfen)	
	Körperlänge	12-15mm	15-17mm	18-22mm
	Geburtsgewicht	0,1g	0,2g	0,2g

6. Nahrung

♍

Die Bienen brauchen für ihre Ernährung 6 Dinge: Blüten-Pollen, Blüten-Nektar, Honigtau, Wasser, Öl und Harz.

Daraus erschaffen sie 4 Dinge: Honig, Wachs, Gelée royale und Propolis.

Man kann in einem Bienenstock also insgesamt 10 Substanzen finden, von denen die Bienen 8 Substanzen (alle außer Wachs und Propolis) für ihre Ernährung benutzen.

Honigbienen leben rein vegetarisch. Sie haben jedoch auch Verwandte wie die Grabwespen, die von anderen Insekten leben.

Nektar

Der Nektar ist ein flüssiges, zuckerhaltiges Sekret aus den Nektardrüsen („Honigdrüsen") der Blüten, der bei manchen Pflanzen auch an den Blütenstengeln zu finden ist. Der Nektar wird von Pflanzen ausschließlich produziert, um mit diesem „Zuckersaft" Insekten anzulocken, die dann die Bestäubung der Blüten übernehmen. Nektar ist also ein „Lockstoff".

Er enthält vor allem Fruchtzucker (Fruktose), Traubenzucker (Glucose) und Rohrzucker (Saccharose), aber auch Wasser, Aromastoffe, Mineralien, Vitamine, Aminosäuren u.a. Dieser Blütennektar ist die Hauptnahrung der Bienen – bei den Bienen, die nicht im Wald leben, macht der Nektar 86-92% ihrer Nahrung aus.

Die Bienen bevorzugen den Nektar von Obstblüten, Löwenzahn, Linde, Raps, Sonnenblumen und Waldbäumen.

Die Bienen saugen den Nektar mit ihrem Rüssel auf, fügen Speichel aus ihrer Futtersaftdrüse dazu und lagern den Nektar dann in ihrer Honigblase („Sozialmagen"). Sie können pro Flug ca. 30 mg Nektar transportieren. Im Bienenstock geben sie den

Nektar an andere Bienen ab, die ihn dann im Bienenstock weiterverarbeiten. Dabei wird dem Nektar Wasser entzogen (Trocknung) und weitere Bienen-Sekrete aus der Futtersaftdrüse zugesetzt. Durch diese Sekrete (Enzyme) verändert sich die Zuckerzusammensetzung: Saccharose wird durch Invertase in Fructose und Glucose aufgespalten. Der auf diese Weise aus dem Nektar hergestellte fertige Honig ist dann durch die Enzyme und durch Mikroorganismen-hemmende Stoffe konserviert und lange haltbar.

Pollen

Pollen sind der männliche Samen der Pflanzen, der an den Staubfäden ihrer Blüten hängt und von Wind, Wasser (bei einigen Moosen und Wasserpflanzen) oder Insekten und keinen Vögeln (Kolibris) zu den weiblichen Organen der Blüten (im „Stempel") anderer Pflanzen derselben Art gebracht wird. Pollen wird von den Blüten in sehr großen Mengen produziert, damit er bei der extrem ungenauen Verteilung durch Wind, Wasser und Insekten auch den Weg zu den anderen Blüten derselben Art findet. Die Insektenbestäubung ist in diesem Zusammenhang deutlich effektiver als die Windbestäubung – zumindest dann, wenn die Insekten wie die Honigbiene an einem Tag immer nur dieselbe Blütensorte anfliegen.

Die männlichen Organe der Blüten und ihre weiblichen Organe sind so in der Blüte angebracht, dass die Bienen oder andere Insekten die Pollen von der einen Blüte zur anderen übertragen.

Viele Wildbienen sind vollständig auf die Blüten bestimmter Pflanzen oder Pflanzenarten spezialisiert und sind daher zuverlässige Bestäuber – allerdings sind sie auch stärker vom Aussterben bedroht, weil sie, wenn ihre Futter-Blüte ausstirbt, nicht auf andere Blüten ausweichen können.

Pollen sind reich an Eiweißen („Proteine", „Aminosäuren") und in geringerem Maße auch an anderen Nährstoffen wie Fetten, Mineralstoffen, Vitaminen und Kohlehydraten. Die Pollen sind für die Bienen am reichhaltigsten auf Obstbäumen, Raps, Mohn, Mais und Klee zu finden.

Die Honigbienen haben eine dichte Behaarung an dem hinteren Beinpaar – die sogenannten „Sammelkörbchen" („Corbicula"). Die Wildbienen haben diese Behaarung hingegen an ihrem Bauch. Beides dient zum Pollensammeln. Die Honigbienen mischen die Pollen mit Nektar, formen daraus Kügelchen und kleben sie dann an ihre Hinterbeine. Wenn sie im Bienenstock wieder von den Beinen gelöst wird, dauert das 2-10mal länger als beim üblichen Putzen – Polen und Nektar ergeben einen guten Zweikomponentenkleber …

Der von den Sammlerinnen zum Bienenstock gerbachte Pollen wird dort zum Teil von den Ammen gefressen und zu dem Futtersaft umgewandelt, mit dem Larven, Königinnen und Sammelbienen ernährt werden.

Die Produktivität der Bienen hängt vor allem von der Anzahl der passenden Blüten, dem Klima und der Temperatur sowie von der Wärme und der Luftfeuchtigkeit im Bienenstock ab.

Städte sind wegen der Vielfalt ihrer Flächen eine gutes Biotop für Wildbienen, wenn es dort genügend Blütenpflanzen gibt. Um solch ein Biotop entstehen zu lassen, reicht es oft schon, nur zweimal im Jahr zu mähen. Dann können die Freiflächen und Brach-flächen in einer Stadt zu dem werden, was die Redewendung eines Unbekannten Autors beschreibt: „Das ist kein unordentlicher Garten, sondern eine 5-Sterne-Wellness-Oase für Bienen."

Nektar und Pollen

Ein Honigbienenvolk sammelt in einem Jahr 10-30kg Pollen sowie 120-180kg Nektar. Pollen macht also an der Bienennahrung 8-14% der Nahrung aus – der Rest ist Nektar.

Pro Flug sammelt eine Biene maximal 20mg Pollen. Das macht für einen Bienenstock also pro Jahr 6,5 bis 10,5 Millionen Flüge bei maximaler Beladung der Biene mit Pollen. Da die Biene jedoch nicht immer vollbeladen heimkehren wird, werden es mindestens noch einmal 50% mehr Flüge sein, also 10-15 Millionen Flüge pro Jahr.

Wildbiene sammeln nur im Umkreis von wenigen 100m um ihren Bienenstock. Das bedeutet, dass das „Feld", auf dem sie „ernten" können, recht klein ist und daher auch das Bienenvolk sehr klein sein muss bzw. die Wildbienen einzeln leben („Solitär-Bienen") müssen. Bei den Honigbienen ist dieser Radius auf bis zu 5km ausgeweitet – ihr „Feld" ist also sehr viel größer, weshalb sie auch in deutlich größeren Völkern zusammenleben können.

Um diese Zahlen anschaulicher zu machen: Für die 210kg Pollen und Nektar pro Jahr müssen die Honigbienen ca. 15 Millionen Flüge von im Schnitt 3km hin und 3km zurück fliegen. Das macht 90 Millionen km – das sind 2.250 Flüge um den Äquator der Erde! Selbst für nur ein 500g-Glas mit Honig müssen die Bienen ungefähr dreimal um den Äquator fliegen – das sind 120.000km.

Honigtau

In den Bäumen werden im Bast („Phloem") unter der Rinde Wasser, Zucker und Aminosäuren transportiert. Die Blattläuse, Schildläusen, Blattflöhe, Mottenschildläuse und Zikaden, die vor allem auf Bäumen leben, stechen diese Gefäße der Bäume („Pflanzen-Adern") an und saugen den Saft heraus, von dem sie dann leben. Diese Insekten sind also sozusagen „vegetarisch lebende Mücken".

Diese Insekten brauchen für den eigenen Stoffwechsel vor allem die Aminosäuren – den größten Teil des Zuckers scheiden sie sofort wieder aus und setzen ihn als Tröpfchen auf Ästen und Blättern ab, wo dieser Honigtau einen klebrigen Film bildet.

Honigtau findet sich vor allem auf den Ästen und Nadeln von Tannen und Fichten sowie auf den Blättern von Eiche, Buche, Linde, Esskastanie und Ahorn.

Honigtau wird u.a. von Bienen und Ameisen gesammelt, wobei die Ameisen die Blattläuse geradezu wie Kuh-Herden halten und sie sogar vor Fressfeinden beschützen.

Seinen Namen hat der Honigtau dadurch erlangt, dass er wie Tau auf Pflanzen sitzt, aber eben auch klebrig wie Honig ist.

Honig

Der Honig entsteht aus der Umwandlung von Nektar und dem ihm chemisch gesehenen recht ähnlichen Honigtau im Honigmagen der Ammen-Bienen. Der Honig ist vor allem die Nahrung der Bienen für den Winter.

Honig ist durch seinen sehr hohen Zuckergehalt sehr lange haltbar: In Georgien ist 5.500 Jahre Honig gefunden worden, der noch immer essbar gewesen ist …

Die mit Honig gefüllten und durch einen Wachs-Deckel verschlossenen Waben sind sozusagen die Konservendosen in der Speisekammer der Bienen.

Da ein Teil der Pollens schon in der Blüte in den Nektar staubt, kann man Honig durch die in ihm enthalte Pollenmischung identifizieren. Als „Sortenhonig" bezeichnet man einen Honig, der einen großen Anteil von Pollen einer bestimmten Blütenart hat. Die verschiedenen Honigsorten unterscheiden sich in ihrer Farbe, ihrem Geschmack, ihrer Viskosität und ihrer elektrischen Leitfähigkeit, die von dem Gehalt des Honigs an Mineralien abhängt. Das Folgende sind Beispiele für einige Honigsorten:

Akazienhonig	klar bis hellgelb	sehr mild, süß, leicht blumig	dünnflüssig
Wiesenhonig	hell	mild-aromatisch	zähflüssig
Kirschblüten-honig	hell- bis dunkelgelb	dezent-lieblich; leichter Duft	cremig bis fest
Lavendelhonig	hellgelb bis gelb-orange	süß, fruchtig; blumiger Duft	flüssig bis cremig
Rapshonig	hellbeige, weißlich	mild-süß, blumig, duftet nach Kohl	cremig, kristallisiert schnell
Lindenblüten-honig	hellgelb, leicht grünlich, leicht beige	intensiv, frisch, minzig, zitronig, leicht malzig	zart bis dickflüssig
Manukahonig	hellgelb bis bernsteinfarben	vollmundig, ätherisch, fruchtig, leicht herb-würzig	Gelantine-artig bis cremig-kristallin
Blütenhonig (verschiedene Blüten)	hell- bis dunkelgelb	mild, leicht süßlich, fruchtig-blumig; manchmal leicht malzig	verschieden

Edelkastanien-honig	hell- bis dunkel-braun, rötlicher Schimmer	herb, würzig; duftet intensiv	flüssig
Kornblumen-honig	intensiv gelb	aromatisch, bittersüße Note	feincremig
Sonnenblumen-honig	intensiv goldgelb bis braungelb	leicht süß, kräftig, leicht säuerlich; fruchtig-frischer Duft,	cremig
Thymianhonig	dunkelgelb bis orange	intensiv, kräftig-aromatisch, fruchtig-malzige Note	cremig gerührt
Lindenhonig (viel Honigtau)	grünlich bis gelb	frisch, aromatisch; würziger Duft nach Balsam	zart bis dickflüssig
Heidehonig	bernsteinfarben bis dunkelrot	stark, würzig, herb-aromatisch	cremig
Waldhonig (viel Honigtau)	dunkel; bernsteinfarben bis schwarz	würzig, malzig, oft etwas herb	dünnflüssig

Als „regionaler Honig" wird Honig aus nur einer Region bezeichnet – wobei es nicht gesetzlich festgelegt ist, wie groß eine solche „Region" ist: die Felder rings um ein Dorf, ein ganzes Tal mit mehreren Dörfern, ein Bundesland, die ganze BRD …

Beim Honig gibt es leider viel Täuschung und Betrug. Honig wird des öfteren illegal mit Zuckerwasser gestreckt.

Honig wird auch des öfteren als „Bienenhonig" bezeichnet, weil das besser und irgendwie qualitativ hochwertiger klingt. Aber Honig stammt immer von Bienen.

Auch „Imkerhonig" ist solch ein Begriff, der die Assoziation „Handwerk statt Indus-trie" hervorrufen soll – aber die Honigernte ist immer Imker-Handwerk.

Noch ein solcher absichtlich irreführender Werbe-Begriff ist „kaltgeschleudert". Man kann Honig nur kalt schleudern, also aus den Waben herausholen, da sonst das Wachs schmilzt und sich mit dem Honig mischt – folglich ist jeder Honig „kaltgeschleudert". Eine tatsächliche Qualitäts-Angabe ist hingegen „kalt abgefüllt", da Honig beim Abfüllen in Gläser gerne erhitzt wird, um ihn dünnflüssiger zu machen, was das Abfüllen erleichtert, aber die Qualität des Honigs mindert. Da kaum jemand „kaltgeschleudert" und „kalt abgefüllt" unterscheidet, kann man auch mit „kaltgeschleudert" werben – auch wenn das im Grunde nur eine solche nichtssagende Aussage wie „Wasser ist nass." ist.

Eine andere Täuschung ist geradezu ein Standard, aber sie betrifft nicht die Menschen, sondern die Bienen selber: Der Imker entnimmt den Honig aus den Waben und ersetzt ihn durch Zuckerwasser. Das kann man auch als „Melken" oder „Ernten" ansehen.

- - -

Der Nektar, aus dem der Honig von den Bienen hergestellt wird, ist ein Lockstoff, den die Pflanzen einsetzen, um die Bienen zu der Befruchtung dieser Pflanzen zu bewegen. Und im Bienenstock ist das Futtermittel, dass die Ammenbienen in ihrer Honigblase aus diesem Nektar herstellen, sozusagen die „Milch" für die Bienenlarven. Ist es bei dieser Entstehungsgeschichte – Lockstoff und Babynahrung – ein Wunder, dass dieser Honig auch für uns Menschen eine Verlockung ist?

Der Honig, der aus Honigtau, also aus einem Ausscheidungsprodukt vor allem der Blattläuse, hergestellt wird, ist hingegen eine weniger angenehme Vorstellung – aber der Waldhonig, der zu einem großen Teil aus Honigtau hergestellt wird, ist ja auch deutlich herber als der Honig aus dem Nektar der Blüten …

Wasser

Bienen trinken auch Wasser – wenn sie zu wenig Wasser erhalten, bekommen sie Verstopfung. Auch das Wasser wird von den Sammlerinnen in ihrem Honigmagen in den Bienenstock zu den anderen Bienen gebracht. Dieser Honigmagen wird bisweilen auch recht anschaulich als „Sozialmagen" bezeichnet, da er ein Sammel- und Transportmagen für alles ist, was die Gemeinschaft braucht.

Dieses Wasser wird auch benötigt, um die Luftfeuchtigkeit im Bienenstock konstant auf 40% zu halten.

Für ein Bienenvolk ist es ideal, innerhalb einer Entfernung von maximal 400m vom Bienenstock ein zuverlässiges Vorkommen von Wasser wie eine Quelle, einen Bach oder einen Teich zu haben.

Öl

Einige Bienenarten sammeln auch Öl, das sich in Blüten findet, als Nahrung für sich selber und für die Larven sowie für den Nestbau.

Vor allem in Südamerika gibt es viele Pflanzen, die anstelle von Nektar fette Öle produzieren und damit die Bienen anlocken. Dort wird dieses Öl von den Bienen als Brutnahrung und zum Auskleiden der Waben verwendet.

Harz

Das Harz von Bäumen wird von den Bienen ab Juni und vor allem im Herbst an warmen Tagen gesammelt – am liebsten zwischen 10 und 16 Uhr, da der Tag dann am wärmsten und das Harz daher dann auch am weichsten ist. Dabei bevorzugen die Bienen das Harz, das sie hauptsächlich auf der Rinde, den Blättern und den Knospen von Birken, Buchen, Erlen, Pappeln, Rosskastanien, Weiden, Ulmen und Fichten finden. Abhängig von dem Angebot an Harz sammelt ein Bienenvolk 50-500g Harz pro Jahr.

Die Bienen brauchen das Harz, um aus ihm das Propolis herzustellen.

Die Bienen kauen das Pflanzenharz von dem Baum los und fügen ihm über ihre Kieferdrüsen ein Lösungsmittel hinzu. Das gelöste Harz wird auch mit den Vorderbeinen bearbeitet. Die Mittelbeine die Bienen reichen das Harz dann nach hinten weiter, wo es in den „Körben" (dichte Behaarung) an den Hinterbeinen festgeklebt wird, damit sie das Harz in den Bienenstock transportieren können.

Das Harz der Bäume entspricht den weißen Blutkörperchen beim Menschen, die den Schorf auf Wunden bilden – die Bäume schließen mit dem Harz die Wunden an ihrer Rinde und schützen sich mit ihm auch vor Pilzen und Bakterien.

Propolis

Wenn die Sammlerinnen in den Bienenstock zurückgekehrt sind, reichen sie das Harz an die Arbeiterinnen weiter, die aus ihm Propolis herstellen. Dazu kneten sie es erneut durch und mischen es mit Stoffen aus ihren Drüsen, mit Bienenwachs und mit fermentierten Blütenpollen.

Das fertige Propolis ist eine Mischung aus ca. 55% Harz und Pollenbalsam („Klebstoff" auf den Pollen), 30% Bienenwachs, 5% Pollen, und 10% ätherischen Ölen, die aus den Blütenknospen und aus dem Speichelferment der Bienen stammen.

Propolis wird von den Bienen überall in dem gesamten Inneren ihres Bienenstocks angebracht, um Dinge gut zu kleben und zu verschließen, doch der eigentliche Zweck liegt darin, dass Propolis in den Waben und allgemein in den Bienenstöcken gegen Pilze, Bakterien und Viren schützt. Da es in einem Bienenstock immer feucht-warm ist (36°C und 40% Luftfeuchtigkeit), würde sich in ihnen sehr schnell Schimmel bilden, was jedoch durch das Propolis verhindert wird.

Wenn ein Tier wie z.B. eine Maus in den Bienenstock eindringt und dort von den Bienen getötet wird, kann dieses Tier von den Bienen nicht nach draußen geschafft werden. Das würde bedeuten, dass diese Maus in dem Bienenstock verfaulen und ihn unbewohnbar machen würde. Um das zu verhindern, hüllen die Bienen die gesamte tote Maus mit Propolis ein und isolieren sie auf diese Weise.

Propolis war auch eine der Substanzen, die die Alten Ägypter verwendet haben, um ihre Toten zu mumifizieren – das haben die Ägypter von den Bienen gelernt.

Der Name „Propolis" bedeutet „vor der Stadt" und bezieht sich darauf, dass die Bienen das Propolis auch an ihrem Flugloch und rings um das Flugloch herum anbringen, um das Innere des Bienenstocks gegen Infektionen zu schützen.

Die Bienen benutzen Propolis auch, um kleine Löcher und Ritzen im Bienenstock zu verschließen, und sie überziehen auch das Innere der Brutwaben mit einem feinen Propolis-Film, um die Brut vor Infektionen zu schützen.

Propolis ist eine klebrige Substanz, deren Viskosität an den früher von den Glasern verwendeten Fensterkitt erinnert. Frisches Propolis ist gelb bis rotbraun, doch wenn es älter wird und ausgehärtet ist, wird es dunkler. Propolis hat einen ausgeprägten, angenehmen Geruch und einen ziemlich kräftigen Geschmack.

Gelée Royale

Der Futtersaft der Arbeiterinnen wird auch „Gelée royale" („königliche Creme"), „Weichselfuttersaft" („Weichsel" = „Königin") und „Bienenköniginnenfuttersaft" genannt. Die Königinnen entstehen aus normalen weiblichen Eiern, wenn diese nur mit Gelée royale gefüttert werden.

Die Ammen stellen das Gelée royale aus den Sekreten ihrer Futtersaftdrüsen und Oberkieferdrüsen her. Er enthält 60-70% Wasser, 10-23% Zucker, 9-18% Eiweiße, 4-8% Fette, sowie viele weitere Stoffe wie einige B-Vitamine und Spurenelemente in kleinen Mengen und schließlich noch, 4-Hydroxy-Benzosesäure-Methyl-Ester als Konservierungsstoff.

Gelée royale dient auch als Klebstoff, mit dem die Larven der Königinnen in ihren Waben-Zellen befestigt werden – diese Wabenzellen werden schließlich nicht waagerecht, sondern senkrecht und unten offen in dem Bienenstock angebracht.

Wachs

Die Honigbienen bauen ihre Waben aus Bienenwachs, den sie aus Zucker herstellen und den sie zunächst in Fett und dann in einer zweiten Stufe in Wachs verwandeln.

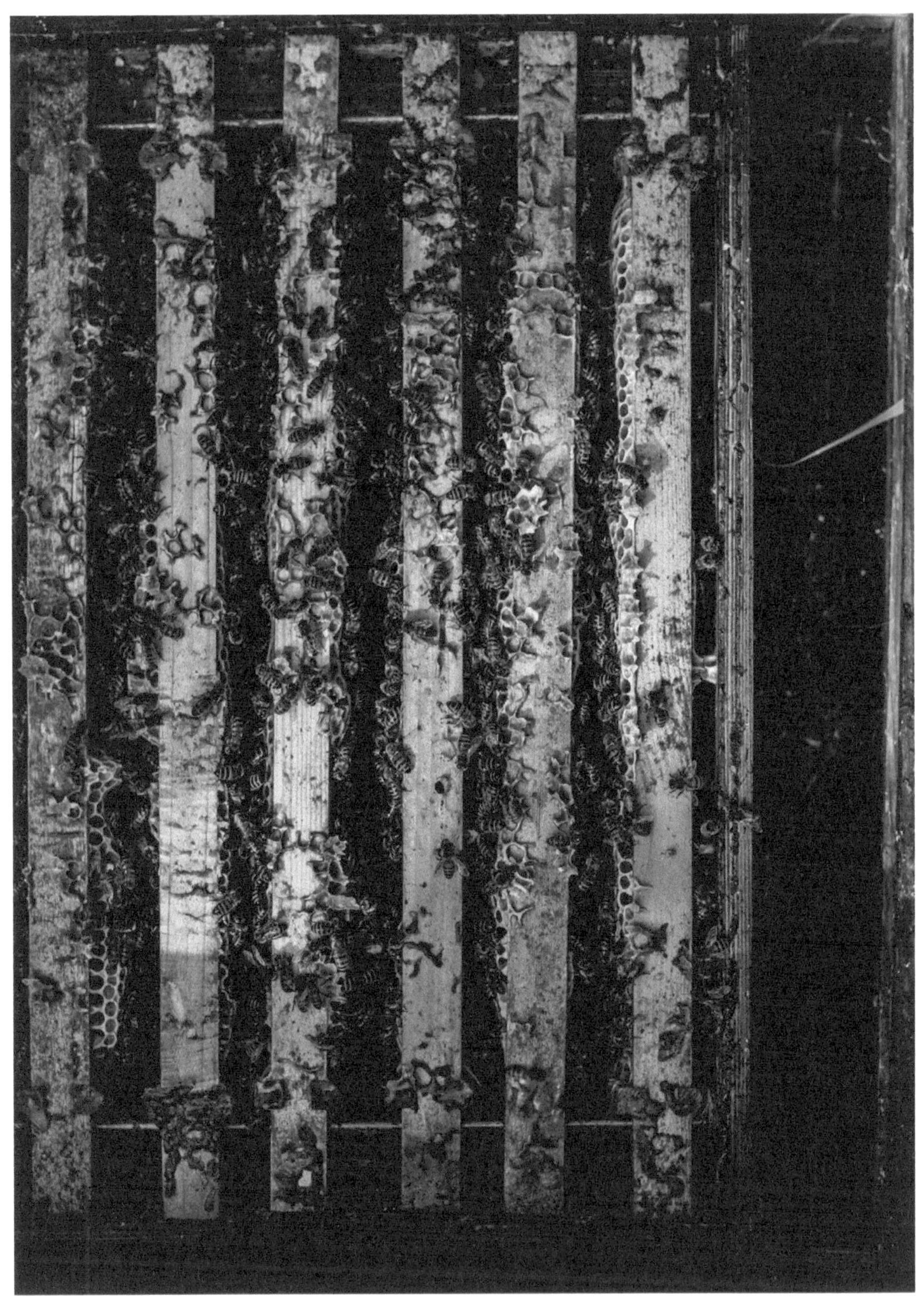

7. Kooperation

Ω

Staatenbildende, also sozial organisierte Insektenvölker gibt es nur bei den Honigbienen, den Hummeln, den Deutschen Wespen, den Gemeinen Wespen, den Hornissen, den Ameisen und den Termiten. Diese Insekten legen u.a. Futtervorräte für die Regenzeit bzw. für den Winter an.

75% der Bienen sind Solitärbienen, weitere 15% sind Kuckucksbienen (Schmarotzer) und 10% sind soziale Bienen, die zum Teil Staaten bilden. Bei den Bienen sind 629 der insgesamt 21.000 Arten weltweit staatenbildend – das sind 3%.

Weltweit gibt es ca. 101 Millionen von Menschen gehaltene Bienenvölker. Es gibt nur noch vereinzelt wildlebende Honigbienen-Völker.

- - -

Es gibt auch einige verschiedene Zwischenformen zwischen der Solitärbien und den Bienenvölkern, die im Folgenden von der isolierten zur sozialen Verhaltensweise hin sortiert sind:

- die gemeinsame Abwehr von Feinden durch Solitärbienen

- die gemeinsame Überwinterungsgemeinschaften von Solitärbienen

- die Schlafgemeinschaften von Bienenmännchen im Frühjahr vor allem an Pflanzenstengeln (der Sinn davon ist noch unerforscht)

- die Nistgemeinschaften der Weibchen in Höhlen mit einem Eingang, aber vielen Nistzellen, Rücksichtnahme am Eingang

- die Wachdienste am Eingang von Nistgemeinschaften

- die Zusammenarbeit bei der Anlage und Versorgung der Zellen

- die Arbeitsteilung, bei der ein Teil der Weibchen Eier legt und die anderen sich um Nestbau, Proviant und Wachdienst kümmern

- die gemeinsame Brutpflege durch die Fütterung der Larven und das Hinaustragen des Kots

- einige Wildbienen leben in kleinen Gruppen

Die Solitärbienen („Freiheit!") und die Bienenvölker („Solidarität!") sind also nur die beiden Extremformen der gesellschaftlichen Organisation bei den Bienen.

- - -

Die Honigbienen leben in Völkern von mehreren 10.000 Bienen zusammen – im Sommer können dies bis zu 70.000 Bienen werden und selbst im Winter sind es noch bis zu 20.000 Bienen in einem Volk. Es ist folglich ein hohes Maß an Koordination notwendig, damit dieses Zusammenleben auch zu einem Überleben führen kann. Andererseits ist auch die einzelne Honigbiene auf ihren Schwarm angewiesen: Sie stirbt schnell, wenn ihr der Kontakt zu den anderen Bienen fehlt.

Ein Aspekt dieses Zusammenwirkens ist schon in dem Kapitel über den Lebenszyklus der Bienen beschrieben worden: die Folge „Säuberungs-Biene – Ammen-Biene – Hausmeister-Biene – Bau-Biene – Logistik-Biene – Wächterin-Biene – Sammlerin", die die notwendigen Arbeiten in einem Bienenstock abdeckt.

Ein großer Teil dieser Koordination erfolgt über Duftstoffe:

- Jedes Bienenvolk hat einen eigenen Bienenstock-Geruch – die Wächterinnen können an dem Geruch fremde Bienen erkennen.

- Der Duft aus den Kopfdrüsen der Königin erhält die Harmonie im Bienenschwarm und die Ausrichtung auf die Königin.

- Auch bei der Wahl der Partner zwischen Königin und Drohnen spielen Duftstoffe eine große Rolle („Wer hat das beste Parfum?").

- Bei manche Bienenarten markiert eine Biene die Blüten, von denen sie Nektar und Pollen gesammelt hat, mit einem Duftstoff, wodurch dann keine andere Biene mehr an diese Blüten geht.

- Die Sammler-Bienen geben den Pflegerin-Bienen einen Duftstoff („Phero-mon"; hier Ölsäureethylester) aus ihrem Magen, der bewirkt, dass sie Pflegerinnen bleiben. Wenn es jedoch zu wenig Sammlerinnen gibt, erhalten die Pflegerinnen weniger von diesem Duftstoff und werden teilweise zu Sammlerinnen, sodass dann wieder mehr Sammlerinnen da sind und die Pflegerinnen wieder mehr von diesem Duftstoff erhalten. Dieses Verfahren ist eine dezentrale Selbstregulierung des Systems.

- Der Duft aus der Duftdrüse der Arbeiterinnen kann andere Bienen anlocken und er kann die Schwarmbienen zusammenhalten.

- Das Ausströmen des Duftes aus der Mandibeldrüse und der Stachelrinne signalisiert Alarm und ruft andere Bienen zur Verteidigung des Bienenstocks herbei.

Bei dem Bau der Bienenwaben scheinen die Bienen ebenfalls eine dezentrale Intelligenz zu benutzen – das genaue Verfahren ist noch unbekannt.

Beim Anlegen von Waben bilden die Honigbienen manchmal Bienen-Bauketten, bei denen ca. 5 Bienen nebeneinander hängen und sich mit ihren Beinen festhalten – so als ob sie sich die Hände reichen würden. In dieser Form hängen sie dann z.B. von einer Wabe zur anderen. Der Zweck dieses Verhaltens ist noch ungeklärt.

- - -

Eine einzelne Biene kann sich für ihr Volk opfern – sie stellt die Erhaltung des Volkes über ihr eigenes Überleben.

Alle eusozialen Arten, also Arten, in denen die einzelnen Individuen zusammenarbeiten und sich sogar für ihr Volk opfern können, also Arten, die einen „Superorganismus" bilden, haben eine einzige Königin, d.h. alle Arbeiterinnen sind Schwestern (wenn sich die Königin nur mit einem Männchen paart) oder Halbschwestern (wenn sich die Königin mit mehreren Männchen paart).

- - -

Man kann ein Bienenvolk als einen „Superorganismus" ansehen, in denen alle Individuen gemeinschaftlich handeln. Eine „wie einsichtige Erwachsene" handelnde Menschheit wäre auch ein solcher „Superorganismus", der die anstehenden ökologischen und ökonomischen Probleme aufgrund seines Blickes, der auf das Wohlergehen des Ganzen ausgerichtet ist, auf sinnvolle und effektive Weise lösen könnte.

der Nektar-Konkurrent der Bienen: der Kolibri

8. Feinde

Bienen leben keineswegs friedlich – sie sind einer Vielfalt von Gefahren ausgesetzt, gegen sie sie sich ständig wehren müssen.

Der Stachel – die Waffe der Bienen

Der Stachel ist die wichtigste, aber keineswegs die einzige Waffe der Bienen. So zählt z.B. auch das Propolis zu den Waffen – sie sind die „biologisch-chemische Keule" der Bienen gegen alle Arten von Infektionen und Schimmelpilze. Die Stachellosen Bienen wehren sich mit Bissen und Sekreten und es gibt auch noch weitere Verteidigungs-Strategien.

Bienen, Wildbienen und die meisten Wespen sind friedlich und stechen nur im Notfall – sie wollen schließlich vor allem Nektar und Pollen sammeln und dabei nicht gestört werden.

Die Wächterbienen am Flugloch erkennen am Aussehen und vor allem am Geruch jede Biene, die nicht zu dem eigenen Volk gehört, und auch jede Wespe und Hornisse. Sie werden vertrieben – und wenn sie nicht schnell genug fliehen – zu Tode gestochen.

Der Stachel der Bienen, Wespen und Ameisen hat sich aus dem Legeapparat der weiblichen Tiere entwickelt – daher haben nur weibliche Tiere einen Stachel. Von ihrer Kampfkraft her gesehen, sind die Honigbienen also „Amazonen" – nur die Frauen tragen Waffen.

Vom Kampf-Verhalten der Bienen hat sich sogar schon mal ein Weltmeister inspirieren lassen: „Flatter wie ein Schmetterling und stich wie eine Biene – seine Hände können nichts treffen, was seine Augen nicht sehen können." (Cassius Clay alias Muhammad Ali – Boxweltmeister)

Gelb-Schwarz: **die Warnfarbe**

Bienen und vor allem Wespen und Hornissen warnen Fressfeinde durch ihre auffälligen schwarz-gelben Streifen vor einem Angriff auf sie. Einige Fliegen imitieren in ihrem Aussehen (Mimikry) Bienen, um dadurch Schutz zu erhalten. Einige Bienenarten ahmen ihrerseits einige Käfer, Schmetterlinge und andere Insekten nach, die bitter schmecken oder giftig sind.

Der Fußballverein „Borussia Dortmund" hat seine gelb-schwarzen Trikot-Streifen sicherlich als Assoziation zur Wespe gewählt.

Auch der fiktive Quidditch-Verein „Wimbourne Wesps" aus den „Harry Potter"-Büchern trägt aus demselben Grund gelb-schwarz quergestreifte Trikots mit dem Bild einer Wespe auf der Brust.

- - -

Im Folgenden werden die verschiedenen Feinde von Ihrer Angriffsrichtung (von innen oder von außen) und von ihrer Größe her aufgeführt. Bei den Krankheiten werden nur die Wichtigsten von ihnen aufgeführt

Die Viren-Krankheit: **der Picornavirus**

Durch diese Gruppe von Viren, die durch die Varroa-Milbe übertragen werden, wird die Eiweiß-Produktion der Biene beeinträchtigt, was eine Immunschwäche zur Folge hat, sodass die Biene schließlich durch Sekundärkrankheiten stirbt.

Die Bakterien-Krankheit: **die Faulbrut**

Die Krankheit befällt die Brut der Honigbienen. Sie wird durch Bakterien ausgelöst, die mit der Nahrung aufgenommen werden. Diese Bakterien verbrauchen zunächst das Larvenfutter im Mitteldarm der Brut und fressen sich anschließend durch die Darmwand, wodurch die Bienenlarve stirb.

Die Krankheit kann von den Bienen eingedämmt werden, wenn sie den Bienenstock stets gründlich reinigt und die Faulbrut aus den Zellen entfernt. Der beste Schutz gegen die Krankheit ist möglichst hochwertiger Nektar. Hygiene und gute Nahrung sind zwei Dinge, die auch für die Gesundheit des Menschen förderlich sind.

Die erste Pilz-Krankheit: **die Nosemose**

Die Infektionskrankheit „Nosemose" ist die am weitesten verbreitete Krankheit der Honigbiene. Sie wird durch einzellige Pilzparasiten ausgelöst und ist in Europa weit verbreitet. Die Immunkrankheit ist für die Bienen tödlich, da die Pilzsporen den Mitteldarm der Bienen so schwer stören, dass ihr Stoffwechsel sie nicht mehr am Leben erhalten kann. Durch diese Krankheit schrumpft die Größe des Bienenvolkes.

Die kann von den Imkern hauptsächlich durch regelmäßige Desinfektion aller seiner Geräte eingedämmt werden.

Die zweite Pilz-Krankheit: **die Kalkbrut**

Diese Pilzkrankheit befällt ebenfalls die Brut der Bienen. In einem Bienenstock mit den von den Bienen angestrebten 35-36° Wärme können diese Pilze nicht gut gedeihen, da sie eine feucht-kalte Umgebung brauchen. Ein gesundes Volk, das einen Bienenstock zur Verfügung hat, der nicht zu groß ist, sodass es ihn gut rein halten und erwärmen kann, ist weitgehend gegen diese Krankheit geschützt.

Der weitverbreitete Feind im Bienenstock: **die Varroa-Milben**

Die 1-2mm großen Varroa-Milben bedroht die Honigbienen so sehr, dass die Bienen kaum noch in der Lage sind, ohne den Schutz durch die Imker zu überleben. Sie befällt nur die Arbeiterinnen. Die Milbe setzt sich auf den Rücken der Biene, also dorthin, wo die Biene sie nicht selber erreichen kann. Dort saugt diese Milbe zwischen den Chitin-Platten wie eine Zecke beim Menschen das Blut der Biene aus. Diese „Vampir-Milbe" ist eine ernsthafte Bedrohung für die Bienen und kann ein ganzes Bienenvolk innerhalb von 1-2 Jahren ausrotten.

Bei dem Aussaugen überträgt sie oft auch noch Viren in das Blut der Biene, sodass die bereits durch den Blutverlust geschwächte Biene auch noch erkrankt. Die entspricht der Borrelliose, die durch Zecken auf den Menschen übertragen wird. Zudem legen die Milben ihre Eier in die Bienenbrut, wodurch die Brut stirbt.

Bisher gibt es kein sicheres Gegenmittel gegen den Befall eines Bienenvolkes durch die Varroa-Milbe. Während sich die asiatischen Honigbienen-Arten gegen die Varroa-Milben wehren können, sind ihnen die europäischen, amerikanischen und afrikanischen Bienen-Arten weitgehend hilflos ausgeliefert

Der seltenere Feind im Bienenstock: **die Tracheen-Milben**

Tracheenmilben setzen sich in die vorderen Tracheen („Luftröhren") der Bienen und ernähren sich von der Körperflüssigkeit der Bienen. Auch hier kommt es zur Übertragung von Viruskrankheiten. Wenn die Milben sich stark vermehren, verstopfen sie die Tracheen, was zur Atemnot der Biene führt. Die geschlüpften Jungtiere suchen sich neue, jüngere Bienen als Wirt. Bei fortgeschrittenem Befall werden die Bienen flugunfähig und springen aus dem Bienenstock heraus auf den Boden vor dem Stock, um die anderen Bienen vor der Ansteckung zu schützen.

Der kleine Parasit: **die Kleine Beutenkäfer**

Dieser 5-6mm lange Käfer ist erst 1998 im Südosten der USA das erste Mal als Bienen-Schädling bemerkt worden. Er legt in den Bienenstöcken ca. 1 Woche lang täglich Gelege von 200 Eiern in Ritzen und Spalten ab. Die Maden fressen sich dann durch den Wachs, den Honig und die Brut und können innerhalb von 5-14 Tagen einen ganzen Bienenstock zerstören.

Die Konkurrenten: **die Wildbienen**

Die meisten Honigbienen-Völker können die Wildbienen in ihrem Revier aus mehreren Gründen vertreiben. In diesem Fall hat sich die Strategie „Solidarität" gegen die Strategie „Einzelgänger" durchgesetzt. Die Gründe für die Überlegenheit der Bienenvölker sind:

-   Honigbienen sammeln in einem Radius von 5km, Wildbienen hingegen nur in einem Radius von 500m.

- Honigbienen beginnen früher am Tag mit der Nahrungssuche und haben dann, wenn die Wildbienen ausfliegen, bereits das meiste abgeerntet. „Fleißig wie eine Biene …"

- Honigbienen sind nicht auf eine Blütenart spezialisiert wie die meisten Wildbienen und sind daher flexibler, was das Blütenangebot und evtl. aussterbende Pflanzen betrifft.

- Honigbienen ernten auch an Standorten mit nur wenigen Blüten.

- Wildbienen weichen daher vor den Honigbienen in Gegenden aus, in denen es zu wenige Blüten für ein Honigbienen-Volk gibt.

Honigbienen vertreiben jedoch von sich aus keine Wildbienen – sie sind lediglich effektiver im Sammeln von Nektar und Pollen.

Wenn man die Wildbienen fördern will, kann man in Gärten und Vorgärten, auf Balkonen, in Vorgärten, Parks und auf Friedhöfen, auf offenen Straßenflächen und in Schrebergärten usw. den Anbau von Blütenpflanzen, die von den Bienen genutzt werden, unterstützen.

Der kleine verwandte Feind: die Kuckucksbiene

25% der Wildbienen töten die Eier oder Larven einer anderen Wildbienen-Art und legen dort ihre eigenen Eier ab. Dies ist z.B. von den Kuckuckshummeln, den Blutbienen und den Wespenbienen bekannt.

Die Bezeichnung „Kuckucks-Biene" ist ein Hinweis auf den Kuckuck, der seine Eier in die Nester anderer Vogelarten legt und sie von ihnen ausbrüten und anschließend die anderen Vögel auch die Kuckucks-Jungen füttern lässt.

Die größte Gruppe unter den Kuckucksbienen sind die Wespenbienen.

Die Kuckucksbienen befallen jedoch nur andere Wildbienen und nicht die Honigbiene, die durch ihre soziale Organisation gegen solche Schmarotzer gefeit ist.

Der große verwandte Feind: **die Hornisse**

Die Hornissen fangen gerne Sammlerinnen, die mit Nektar und Pollen beladen heimkehren, kurz vor ihrem Bienenstock ab. Wenn eine Hornisse eine Biene angreift, versuchen Hunderte von Bienen, die Hornisse zu umringen und in einer dichten Traube von Bienen festzuhalten. In der Mitte der Traube steigt die Temperatur schließlich bis auf 47°C an, wodurch die Hornisse nach ca. 20 Minuten an einem Hitzschlag stirbt.

Der versteckte Feind: **der Bienenwolf**

Der Bienenwolf, der zu den Grabwespen gehört, frisst ausschließlich Honigbienen, die er beim Sammeln von Nektar und Pollen überfällt. Eine Bienenwolf-Kolonie kann an einem Tag 1.000 Bienen töten.

Der erste Insekten-Jäger: **die Raubfliegen**

Raubfliegen jagen Wespen, aber auch Bienen und viele verschiedene Käfer, denen sie von einem erhöhten Punkt wie z.B. einem Baumstumpf aus auflauern und dann mit ihren giftigen Stacheln töten.

Der zweite Insekten-Jäger: **die Krabbenspinnen**

Die Krabbenspinnen lauern Bienen, Hummeln und anderen Insekten auf Blüten und Blättern auf. Sie überfallen die Honigbienen vor allem während diese Bienen Nektar und Pollen sammeln.

Der dritte Insekten-Jäger: **die Libelle**

Libellen jagen und fressen alle Insekten, die sie überwältigen können – sogar andere Libellen ihrer eigenen Art. Sie sind daher auch eine Gefahr für die Honigbienen, auch wenn die Libellen nicht speziell Jagd auf Bienen machen.

Der vierte Insekten-Jäger: **die Gottesanbeterin**

Diese 1cm bis 16cm großen Insekten warten oft lange Zeit reglos auf Beute, wobei sie durch ihr für Insekten untypisches Aussehen und ihre oft grüne, gelbe oder braune Farbe perfekt getarnt sind. Sie jagen alle Arten von Insekten und Spinnen, aber die größeren Gottesanbeterinnen-Arten können auch junge Schlangen, Eidechsen, kleine Säugetiere und kleine Vögel erlegen. Honigbienen sind nur eine von vielen Möglichkeiten auf ihrem Speiseplan.

Der schleichende Dieb: **die Nacktschnecken**

Die Schnecken – besonders die Tigerschnecken – suchen ab und zu Bienenstöcke auf, um den Müll auf dem Boden des Bienenstocks zu fressen oder um sich zu verstecken. Sie stellen keine Gefahr für die Bienen dar, da sie nicht an die Waben gehen. Trotzdem kommt es vor, dass die Bienen die Schnecken zu Tode stechen. Das geschieht vor allem im Sommer – im Winter sitzen die Bienen in einer großen Kugel zusammen und wärmen sich gegenseitig, sodass sie die Bienen-Kugel nicht verlassen und folglich auch nicht die Schnecken auf dem Boden des Bienenstocks angreifen.

Der große Fressfeind: **Vögel**

Es gibt mehrere Vogelarten, die auch Honigbienen jagen wie z.B. die Schwalben, die die Bienen im Flug schnappen, oder wie der Wespenbussard, der die Larven in den Bienenstöcken frisst.

Der Große Honiganzeiger – eine Specht-Art – frisst überwiegend Insekten, aber kann auch Bienenwachs verdauen (allerdings keinen Honig). Diese Specht-Art hat ihren Namen erhalten, weil sie – wie zumindest erzählt wird – mit Honigdachsen, Ginsterkatzen und Menschen zusammenarbeitet, um Bienennester plündern zu können. Sie sind zudem Brutschmarotzer, die wie der Kuckuck ihre Jungen von anderen Vögeln in deren Nestern aufziehen und füttern lassen.

Der sehr kleine vierbeinige Fressfeind: **die Maus**

Im Winter, wenn die Bienen in einer Traube zusammenhängen und sich nicht wehren können, weil sie die Wärme in der Bienentraube bewahren müssen, beginnen manchmal Mäuse die Honigreserven, die Brut und die muskulösen Brustteile der Bienen zu fressen. Sie können ein Bienenvolk so sehr schädigen, dass es den Winter nicht überlebt.

Wenn eine Maus im Sommer in den Bienenstock eindringt, wird sie sofort von Bienen mit vielen Stichen getötet.

Der kleine vierbeinige Fressfeind: **die Ginsterkatze**

Ginsterkatzen leben vor allem in Afrika, aber die Kleinfleck-Ginsterkatze kommt auch in Europa vor. Sie ist ein Allesfresser, die sich u.a. auch von Insekten einschließlich Bienen ernährt.

Der mittlere vierbeinige Fressfeind: **der Honigdachs**

Diese Marder-Art ist trotz ihres Namens kein Dachs, auch wenn sie ungefähr wie ein kleiner Dachs aussieht. Der Honigdachs lebt vor allem in Afrika und Asien. Er ist ein Allesfresser, aber bevorzugt Fleisch: kleine Säugetiere und Nagetiere, Jungtiere von Füchsen und Antilopen, Vögel und Vogeleier, Reptilien, junge Krokodile, Giftschlangen, Frösche, Aas, Insektenlarven, Skorpione, Giftnattern – und eben auch die Brut der Honigbienen.

Der große vierbeinige Fressfeind: **der Bär**

Bären fressen nicht nur Honig, sondern plündern den ganzen Bienenstock und fressen auch die Larven in den Waben. Sie sind außer auf ihrer Nase durch ihr dickes Fell gut vor den Stichen der Bienen geschützt.

<h1 style="text-align:center">Der größte Feind: der Mensch – Bienensterben</h1>

Das Bienensterben – also das Sterben ganzer Bienenvölker – ist ein komplexes Phänomen. Weltweit hat die Zahl der Bienenvölker zwischen 1961 und 2007 um 45% zugenommen. Während die Zahl der Bienenvölker in Nordamerika und Europa in dieser Zeit um knapp die Hälfte bzw. ein Viertel gesunken ist – von dort stammt daher auch der Begriff „Bienensterben" – hat sich die Zahl der Bienenvölker in Asien, Afrika und Südamerika vervielfacht. In Deutschland ist die Zahl der Bienenvölker zwischen 1990 und 2008 um rund 40% gesunken, erholt sich aber seitdem allmählich wieder. Es hat auch früher schon einige massenhafte Bienensterben gegeben, deren Ursachen nicht immer herausgefunden werden konnten.

Es ist nicht klar, was die Ursachen für das Bienensterben in Europa und Nordamerika in den letzten 35 Jahren sind. Allerdings sind durch die intensiven Untersuchungen in den letzten drei Jahrzehnten acht Faktoren deutlich geworden, die maßgeblich zu dem Bienensterben beitragen und die jedem Bienenvolk Stress bereiten:

1. die Varroa-Milbe

2. das Picorna-Virus

3. Mangelernährung durch Monokulturen in der Landwirtschaft

4. Pestizide, Herbizide, Fungizide, Insektizide

5. Immunschwäche durch Krankheitserreger

6. Mahd (Tod der Bienen beim Mähen der Felder)

7. Mobilfunk

8. Klimawandel

Die Schäden durch die Varroa-Milbe und das Picorna-Virus sind bereits weiter vorne in diesem Kapitel beschrieben worden.

<h2 style="text-align:center">Der größte Feind: der Mensch - Monokulturen</h2>

Die großen Flächen in der Landwirtschaft, in der nur eine einzige Pflanze angebaut wird, sind ein Problem für die Bienen: Eine einseitige Ernährung ist für sie genauso ungesund wir für uns Menschen und zudem blüht diese eine Pflanzenart dann höchstens 2 Monate lang – und den Rest des Jahres haben die Bienen keine Blüten, von deren Nektar und Pollen sie leben können. Das führt dazu, dass die Bienen leichter erkranken und deutlich kürzer leben.

Die Wildbienen finden in solchen Monokulturen weder Nahrung noch Nistplätze.

Die züchterische und gentechnische Optimierung der in diesen Monokulturen angebauten Pflanzen bringt ebenfalls Nachteile für die Bienen mit sich. So haben die neuen Arten der Sonnenblume, die früher eine wichtige Bienenweide gewesen sind, so gut wie keinen Nektar und keinen Pollen mehr.

Wenn der landwirtschaftliche Trend der letzten Jahre anhält, wird es in 10 Jahren nur noch halb so viele natürliche Flächen mit einer großen Blütenvielfalt geben wie heute.

Der größte Feind: **der Mensch – Biozide**

Die Pestizide, Herbizide, Fungizide und Insektizide, also die in der Landwirtschaft verwendeten Gifte gegen Lebewesen allgemein, Unkraut, Pilzbefall und Insekten, gelangen über den Nektar und die Pollen auch in die Biene, in der sich diese Gifte ansammeln und sie schwächen und schließlich erkranken lassen.

Insbesondere die „Neonicotinoide" (kurz: „Neonics") genannten Biozide, die starke Nervengifte sind, die die Nerven lähmen, setzen den Bienen arg zu. Das Sterben ganzer Bienenvölker konnte vermehrt in der Nähe von großen Feldern beobachtet werden in denen Neonics zum Schutz der angebauten Pflanzen ausgebracht wurde.

Wie bei solchen Fragen nicht anders zu erwarten, besteht aber über die Wirkung der Pestizide und der Neonics keineswegs Einigkeit zwischen Herstellern, Bauern, Imkern und Bienenschützern. Unterschiedliche Interessen untergraben leider immer wieder die wissenschaftliche Redlichkeit, sodass es schwierig ist, das genaue Ausmaß der Wirkung der Pestizide und der Neonics einzuschätzen. Ein Problem dabei ist auch, dass die Bienen einer Vielzahl von in der Landwirtschaft verwendeten Giften ausgesetzt sind –das macht die Bewertung eines einzelnen Giftes deutlich schwieriger.

Die durch diese Gifte geschwächten Bienen sind dann auch anfälliger für Krankheiten oder für die Varroa-Milbe. Es ist durchaus denkbar, dass die Probleme der Imker mit der Varroa-Milbe erst dadurch entstanden sind, dass die Bienen durch die Biozide so stark geschwächt sind.

Generell kann man allerdings sagen, dass der Biolandbau deutlich gesünder ist – nicht nur für die Bienen, sondern auch für die Menschen.

Der größte Feind: **der Mensch – Mahd**

Das Mähen der Felder und das Ernten der Getreidefelder mit großen Maschinen ist etwas, was als Gefahr für die Bienen und andere Insekten lange Zeit nicht deutlich genug gesehen worden ist. Wenn die Mahd nicht frühmorgens, sondern am Nachmittag geschieht, wenn die meisten Beinen gerade Nektar und Pollen sammeln, wird eine sehr große Zahl an Bienen während der Mahd getötet. Dadurch verlieren die Bienenvölker einen beträchtlichen Teil ihrer Sammlerinnen.

Der größte Feind: **der Mensch – Mobilfunk**

Da sich Bienen auch anhand des Magnetfeldes der Erde orientieren, sorgen die Magnetfelder des Mobilfunks für Stress bei den Bienen, da sie durch die sich ändernden Magnetfelder verwirrt werden. Eine ansteigende Strahlung führt zu einem mehrfach lauten Summen sogar im Bienenstock selber – was ein sehr deutliches Anzeichen für den Stress ist, den der Mobilfunk den Bienen verursacht.

Der größte Feind: **der Mensch – Klimawandel**

Der Klimawandel bedroht die Bienen gleich auf vier verschiedene Weisen:

- Die Vegetation verändert sich, wodurch sich die Bienen auf andere Blütenpflanzen umstellen müssen.

- Die kurzen, milden Winter führen zu veränderten Blühzeiten, was den biologischen Rhythmus der Bienen stört – ihre innere „Blüten-Uhr" passt nicht mehr zu den tatsächlichen Blühzeiten der Pflanzen. Wie präzise diese „Blüten-Uhr" ist, ist jedoch noch nicht sicher erforscht worden.

-    Warme Winter und trockene Sommer gefährden die Gesundheit der Bienen.

-    Durch den Anstieg des CO^2 in der Luft produzieren die Pflanzen ganz allgemein weniger Eiweiße, sodass die Bienen deutlich mehr Pollen sammeln müssen, um ihren Eiweiß-Bedarf decken zu können.

Der langsame Feind: **Überzüchtung durch den Mensch**

Nicht nur die Nutzpflanzen, sondern auch die Bienen selber sind immer weiter in Richtung größerer Erträge und nicht in Richtung Widerstandskraft und solide Gesundheit gezüchtet worden. Dadurch werden sie anfälliger für die ganzen Bedrohungen, die in diesem Kapitel bereits beschrieben worden sind.

9. Schwarm

Der zentrale Orientierungspunkt und das Ziel aller Bienen-Tätigkeiten sind der Bienenschwarm und seine Erhaltung. Die einzelne Biene lebt durch den Schwarm und für den Schwarm.

Die Mitte des Schwarms

Die Königin ist diejenige, die in der Mitte des Bienenstocks ist – sowohl in örtlicher als auch in sozialer Hinsicht. An ihr orientieren sich alle und ihr Wohlergehen ist die Grundlage für das Wohlergehen des gesamten Bienenvolkes. Die Königin wird auch „Weisel", d.h. „Anweiserin, Bestimmerin, Herrin" genannt. Die Königin wird von Arbeiterinnen begleitet, die sie füttern und ihren Kot entfernen.

Im Winter wird die Königin in der Mitte der Bienentraube geschützt und warm gehalten – ohne Königin ist der ganze Bienenschwarm verloren.

Die Königin „schwitzt" Duftstoffe („Pheromone") aus, die von den Arbeiterinnen gesammelt und im Bienenstock verteilt werden. Dieser Duft zeigt den Arbeiterinnen, dass die Königin gesund und aktiv ist und hindert sie daran, neue Königinnen-Zellen anzulegen.

Jungfrau-Königinnen haben nur wenige Königin-Pheromone und werden von den Arbeiterinnen nicht als Königinnen erkannt.

Wenn die Königin alt oder krank oder unfähig zum Eier-Ablegen wird, produziert sie weniger Pheromone, was dazu führt, dass die Arbeiterinnen Königinnen-Zellen anlegen, um Nachfolgerinnen der alten Königin heranzuziehen. Wenn die Jungfrau-Königinnen heranwachsen, drängen sich die Arbeiterinnen dann in einer Kugel um die alte Königin und erhitzen sie zwischen sich so sehr, dass sie stirbt. Auf diese Weise töten sie z.B. auch Hornissen, die in den Bienenstock eingedrungen sind.

Die Eier des Schwarms

Im Spätherbst endet das Eier-Legen und beginnt im Frühjahr wieder, wenn die Temperaturen auf über 10° angestiegen sind und die Bienen wieder ausfliegen.

Eine Königin kann an einem Frühlingstag beim Aufbau des Schwarms bis zu 2000 Eier legen. Das bedeutet, dass sie alle 45 Sekunden ein Ei legt. Das Gewicht der Eier, die sie an einem Tag legt, ist daher größer als ihr eigenes Körpergewicht – sie muss in dieser Zeit also sehr viel essen. Im Laufe ihres Lebens legt eine Bienenkönigin, wenn sie lange lebt, über 2.000.000 Eier …

Die Königinnen im Schwarm

Wenn in einem Schwarm eine alte und eine neue Königin leben, wird die alte Königin manchmal leben gelassen, bis sie stirbt und wird erst dann von der neuen Jungfrau-Königin ersetzt, die sich daraufhin mit den Drohnen paart.

Manche Jungfrau-Königinnen verlassen den Schwarm um nicht getötet zu werden und suchen nach einem Schwarm ohne Königin.

Manchmal halten die Arbeiterinnen, nachdem ein Teil des Schwarms mit der alten Königin fortgezogen ist, die Jungfrau-Königinnen vom Kämpfen ab, woraufhin ein Teil dieser Jungfrau-Königinnen in einem kleineren Nach-Schwarm fortzieht. In diesem Fall wird erst ein neues Nest gesucht und erst wenn dieses gefunden worden ist, kämpfen die Jungfrau-Königinnen in dem Nach-Schwarm miteinander bis nur eine übrigbleibt. Selbst in diesem Fall steht die Erhaltung des Schwarms vor dem Egoismus der einzelnen Biene – hier dem Konkurrenzkampf zwischen den Jungfrau-Königinnen.

Die Brasilianische Stachellose Biene kann mehrere Königinnen haben oder wartende Königinnen („Zwergköniginnen"), die die derzeitige Königin ersetzen, wenn sie plötzlich sterben sollte.

Die Erhaltung des Schwarms

Wenn die Königin plötzlich stirbt, versuchen die Arbeiterinnen eine Notfall-Königin zu erschaffen. Dafür werden einige Zellen mit frisch geschlüpften Arbeiterinnen-

Larven mit Gelée royale gefüllt und zu senkrechten Königinnen-Zellen ausgebaut und vergrößert. Diese Notfall-Königinnen sind meistens kleiner und weniger fruchtbar als normale Königinnen – aber sie sichern das Überleben des Schwarms.

Die Königin-Zellen („Weiselzellen") sehen aus wie eine Erdnuss-Schale – sowohl von ihrer Form als auch von ihrer Oberfläche her: Sie sind gebogen und haben viele Einbuchtungen und Stege auf ihrer Oberfläche. Zudem stehen sie senkrecht statt waagerecht wie die anderen Zellen. Wenn die Königin in ihrer Zelle ausgewachsen ist, beißt sie einen runden Schnitt in die Zelle, sodass sie die Zelle schließlich wie an einem Scharnier aufklappen kann.

Anarchie im Schwarm

Es gibt bei den Bienen auch das sogenannte „Anarchie-Syndrom". Damit werden Arbeiterinnen bezeichnet, denen es gelingt, auf den von ihnen selber abgelegten Eiern die Duftstoffe der Königin erfolgreich nachzuahmen und so selber Nachkommen zu produzieren. Da diese Eier jedoch unbefruchtet sind, schlüpfen aus ihnen allerdings nur Drohnen. Dieses „illegale Eier-Legen" durch die Arbeiterinnen kommt nur bei 0,12% der Arbeiterinnen vor. Zudem gibt es eine „Arbeiterinnen-Überwachung". Die aufmerksamen Arbeiterinnen fressen die Eier, die von anderen Arbeiterinnen statt von der Königin gelegt wurden. Die Eier der Königin sind durch die Königin-Duftstoffe erkennbar, die von den Arbeiterinnen nicht wirklich ganz echt nachgeahmt werden können.

Wenn die Königin plötzlich gestorben ist, aktivieren bei manchen Bienenarten bis zu 40% der Arbeiterinnen ihr Eierlegen, doch das Eier-Fressen durch andere Arbeiterinnen blieb bestehen. Es handelt sich dabei wohl eher um eine Chaos- oder Panik-Reaktion der Arbeiterinnen als um ein konstruktives Vorgehen, da aus den Eiern der Arbeiterinnen nur Drohnen, aber keine neuen Königinnen entstehen können.

Bei einigen Bienenarten – allerdings nur bei sehr wenigen – gibt es auch die Jungfrau-Geburt von Arbeiterinnen und Königinnen ohne Befruchtung („Thelytokie") durch Eier, die von Arbeiterinnen gelegt worden sind. Das ist jedoch sehr selten und kommt insgesamt nur bei ca. 0,1% aller Tierarten vor. Der Nachteil dieser Jungfrau-Geburt ist, dass dabei keine Gene neu kombiniert werden und folglich auch keine neuen genetischen Möglichkeiten erschaffen werden.

Die Teilung des Schwarms

Wenn der Schwarm zu groß wird, ziehen die Arbeiterinnen eine neue Königin heran. Die alte Königin fliegt dann einige Tage vor dem Schlüpfen der neuen Jungfrau-Königinnen mit der Hälfte des Schwarms an einen neuen Ort. Der Schwarm folgt der Königin und verteidigt sie äußerst heftig gegen alle Gefahren – die Königin ist die Quelle des Bienenvolks.

Der Imker des Schwarms

In einem Stock mit 60.000-80.000 Arbeiterinnen ist die Königin nicht leicht zu finden, weshalb der Imker sie oft mit einer unschädlichen Farbe auf ihrem Rücken markiert. Dabei gibt es eine aus England stammende Tradition, mit welcher Farbe man das Alter der Königin kennzeichnet, damit der Imker weiß, wann eine Königin zu alt wird:

Wenn die Jahreszahl des Schlüpfens mit „1" oder „6" endet (also z.B. 2011 oder 2016), erhält die Königin einen weißen Punkt auf ihren Rücken. Bei einer „2" oder „7" am Ende der Jahreszahl einen gelben Punkt; bei „3" oder „8" rot; bei „4" oder „9" grün; und bei „5" oder „0" blau.

Dazu gibt es den Anfangsbuchstaben-Merkspruch:

„**W**ill **y**ou **r**aise **g**ood **b**ees."
white **y**ellow **r**ed **g**reen **b**lue
1/6 2/7 3/8 4/9 5/0

Der Schutz des Schwarms

Es ist für dringend notwendig, dass sich die Bienen wieder hin zu robusteren Sorten entwickeln und dass sie weniger durch die Umwelt geschädigt werden – doch das sind beides Probleme, die der Mensch und nicht die Bienen verursacht haben. Folglich sind dies auch beides Dinge, die der Mensch durch die Bienenzucht und den Umweltschutz wieder in Ordnung bringen muss – da können die Bienen selber nicht viel tun …

Mensch und Biene sind weitgehend aneinander gebunden, denn ohne die Bestäubung der Nahrungspflanzen durch die Bienen wird es sehr, sehr eng mit der Ernährung der Menschen. Das ist zwar noch keine Symbiose zwischen Mensch und Biene, aber es kommt dem schon recht nah.

10. Geschichte

Entstehung der Erde

- vor 4.600.000.000 Jahren -

Die Erde hat sich zusammen mit der Sonne und den anderen Planeten aus einem Wirbel aus Felsbrocken und Sternenstaub am Rand unserer Galaxie („Milchstraße") gebildet.

Entstehung einfacher organischer Moleküle

- vor 4.000.000.000 Jahren -

Aus den physikalischen Substanzen auf der Erde, also aus den chemischen Molekülen wie CO_2, CH_4, O_2, H_2O, NH_3 usw. entstanden erste organische Moleküle, die vor allem aus Kohlenstoff und Wasserstoff bestanden wie z.B. einfache Aminosäuren. Dabei dienten vorerst noch Eisen-Ionen und Blitze als Energiequelle.

Entstehung komplexer organischer Moleküle

- vor 3.900.000.000 Jahren -

Aus den einfachen organischen Molekülen entwickelten sich komplexere organische Moleküle. Den Übergang von der Chemie zur Biologie kann man in etwa zu dem Zeitpunkt ansetzen, wo die ersten Katalysatoren entstanden. Dies waren Abfallprodukte von chemischen Reaktionen, die ihrerseits anschließend dafür gesorgt haben, dass die chemische Reaktion, die sie hat entstehen lassen, nun leichter abläuft. Das bedeutet, dass sich die betreffende chemische Reaktion durch ihre eigenen Abfallprodukte stabilisiert hat und sie daher bevorzugt stattfand. Das war der Beginn der Selbsterhaltung der Lebewesen. Der Hauptenergiespeicher war zu dieser Zeit der Schwefel.

Die ersten Einzeller

- vor 3.500.000.000 Jahren -

Die sich selber durch Katalysatoren stabilisierenden chemischen Reaktionen wurden immer komplexer und stabiler und entwickelten die DNS als „Druckschablone" für die Herstellung neuer chemischer Verbindungen und entwickelten schließlich die Zellhülle, in der sich eine förderliche chemische Umgebung für die chemischen Prozesse ausbildete. Dies waren die ersten Einzeller. Sie benutzen Phosphor („ATP") als Energieträger – was bis heute so geblieben ist.

Der Zellkern

- vor 1.500.000.000 Jahren -

Die in den bisherigen Zellen frei umherschwimmende DNS bildete eine Zellhülle rings um sich, um die Prozesse in der DNS von den übrigen Prozessen in der Zelle trennen zu können, wodurch diese Prozesse insgesamt effektiver wurden.

Die Mehrzeller

- vor 1.000.000.000 Jahren -

Als sich die Einzeller nach ihrer Zellteilung nicht mehr voneinander trennten, sondern sich dauerhaft aneinander lagerten, entstanden die Vielzeller. Dies waren zuerst Flächen, dann Hohlkugeln („Volvox"), dann längliche Röhren mit einem „Mund" und einem "After", dazu kam dann noch ein „oben" und ein „unten", wobei das „unten" „Beine" entwickelte usw.

Schließlich wurde für die Koordination der Bewegungen dieser „Röhren-Vielzeller" noch die Entwicklung von Nerven benötigt, die zunächst die Form einer Strickleiter hatte, die von vorne bis hinten führte. Als sich bei dem „Mund" die Sinnesorgane entwickelten, entstand ein verdickter Nerven-Knoten auf der vordersten „Strickleiter-Sprosse": das Gehirn.

Diese Lebewesen („Ur-Würmer") ernährten sich noch von den Molekülen, die sie im Wasser vorfanden – sie waren also Pflanzen.

Das Leben im Meer

- vor 495.000.000 Jahren -

Als erstes entstanden kleine Würmer, die nur wenige Zentimeter lang waren. Als sie ein Skelett entwickelten, wurden sie zu den Gliederfüßlern. Sie schützen ihre Nervenbahnen entweder durch eine Knochenhülle und entwickelten innere Knochen – das wurden dann später die Fische, Amphibien, Reptilien, Säugetiere und Vögel – oder sie schützen sich insgesamt durch eine Hülle aus Chitin – das wurden dann später die Krebse, Insekten, Spinnen usw.

Um diese Zeit entstanden auch die ersten Zell-Fresser, d.h. die Pflanzenfresser-Mehrzeller. Nicht viel später entstanden auch die ersten Fleischfresser, die die Pflanzenfresser fraßen. Dadurch erhielt die Evolution einen kräftigen Entwicklungsschub: Die Jäger mussten immer schneller und geschickter werden, um ihre Beute zu fangen, und die Beute musste immer schneller und geschickter werden, um den Jägern zu entkommen.

Zu dieser Zeit gab es bereits alle Hauptgruppen der Tiere und Pflanzen, die es noch heute gibt – damals lebten die Urahnen aller heutigen Lebewesen. Am weitesten verbreitet waren Krebs, kieferlose Fische, Trilobiten (flache Tiere mit Außenskelett) und Nautilusse (schneckenartige Tiere mit Gehäusen).

Das Leben an Land

- vor 475.000.000 Jahren -

Dier ersten Pflanzen (Moose) sowie Tiere mit Innenskelett (Quastenflosser) und Tiere mit Außenskelett (Krebsartige) gingen an Land und passten sich dem Leben an der Luft an. Diese Tiere mit Außenskelett waren die Vorfahren aller Insekten.

Die Wirbeltiere

- vor 443.000.000 Jahren -

Damals wurden die Wirbeltiere zu der erfolgreichsten Tiergruppe. Dies waren vor allem Amphibien.

Das erste Massensterben

- vor 430.000.000 Jahren -

Durch eine starke Abkühlung des Klimas kam es zu einem Massensterben der Tiere an Land, die damals noch keine konstante Körpertemperatur, die sie selber aufrecht halten konnten, besaßen. Damals starb die Hälfte aller Tierarten aus.

Diese Abkühlung des Klimas entstand dadurch, dass ein großer Teil der damaligen Kontinente immer mehr nach Süden trieb und in den Bereich des Südpols der Erde gelangte und daher zunehmend vereiste.

Fische und Korallen

- vor 417.000.000 Jahren -

Als das Klima wieder wärmer wurde, entwickelten sich auch die Fische weiter, es gab die ersten Korallenriffe und die Pflanzen begannen, sich über das ganze Festland auszubreiten.

Die ersten Insekten

- vor 407.000.000 Jahren -

Die ältesten Insekten, die bisher als Fossilien gefunden wurden, lebten vor 385 Millionen Jahren. Die frühesten Fossilien der Springschwänze, die nah mit den Insekten verwandt sind, sind 407 Millionen Jahre alt. Sie stammen von den Tieren mit Außenskelett ab, die aus dem Meer an Land gegangen waren.

Die Insekten waren unter den ersten Pflanzenfressern auf dem Festland und bewirkten eine Selektion unter den Pflanzen: Die Pflanzen entwickelten Gifte gegen die Insekten, die diese Pflanzen fraßen, und die Insekten entwickelten ihrerseits Resistenzen gegen diese Gifte und nutzen sie ihrerseits, um Insektenfresser abzuschrecken und „kleideten" sich dann später in diesem Zusammenhang zur Abschreckung der Insektenfresser mit auffälligen Farben.

Die ersten Fluginsekten

- vor 380.000.000 Jahren -

Zu dieser Zeit entwickelten sich die ersten Fluginsekten. Sie beherrschten den Luftraum für die nächsten 150 Millionen Jahre. Die ersten Flugsaurier entwickelten sich erst vor 228 Millionen Jahren und die Vögel noch später – vor 170 Millionen Jahren.

Die ersten Wälder

- vor 375.000.000 Jahren -

Es gab Riesenfarne an Land und erste Wälder und im Wasser entstanden die ersten Riesen-Raubfische, die bis zu 9m lang wurden.

Das zweite Massensterben

- vor 372.000.000 Jahren -

Dieses Massensterben kam in zwei Schüben: der erste vor 372 Millionen Jahren und der zweite vor 359 Millionen Jahren. Dabei starben 50-75% aller Arten aus.

Die Ursache ist entweder eine Reihe von großen Vulkanausbrüchen oder mehrere größere Meteoriteneinschläge gewesen. Dadurch sank der Planktongehalt des Meeres und als Folge davon auch der Sauerstoffgehalt der Luft, da dieser Sauerstoff zum großen Teil durch das Plankton produziert wurde. Durch die starke Verdunkelung der Atmosphäre durch den aufgewirbelten Staub der Vulkane bzw. der Meteoriten-Einschläge kam es zu mehreren kurzen, aber intensiven Kaltzeiten, die zu Vereisungen führten und ein starkes Sinken des Meeresspiegels bewirkt haben.

Die Insekten

- vor 350.000.000 Jahren -

Erst um diese Zeit entwickelten die Insekten die Verpuppung. Auf welche Weise die Entwicklung vom Ei zum Insekt vorher abgelaufen ist, ist nicht ganz sicher.

Die Reptilien

- vor 300.000.000 Jahren -

Die bisher einzelnen Kontinente auf der Erde, die noch deutlich anders ausgesehen haben als heute, fügten sich zu dem Urkontinent Pangäa zusammen, also zu einer einzigen großen Landmasse.

Die Wirbeltiere, die bisher noch Amphibien gewesen waren, die sowohl Wasser als auch Luft atmen können und die einen Teich o.ä. zur Ablage ihrer Eier brauchen, entdeckten die Eierschale und wurden so zu den Reptilien, die bei der Brutablage nicht mehr auf ein Gewässer angewiesen waren. Dadurch konnten die Reptilien auch die trockeneren Gebiete weiter landeinwärts besiedeln.

Aus dieser Zeit stammt die Steinkohle, die Braunkohle, das Erdöl und das Erdgas, die sich alle aus den damaligen riesigen Wäldern gebildet haben: Das Totholz fiel in die Sümpfe und verwandelte sich nach und nach in das, was wir heute als wichtigste Energiequelle benutzen – und was die CO_2-Werte in die Höhe getrieben hat.

Damals entwickelten sich auch die Samenpflanzen, die im Grunde dieselbe Erfindung wie die Reptilien gemacht hatte: die von einer Schale umhüllten und dadurch geschützten Samen.

Bei den Insekten, Skorpionen, Tausendfüßlern und Spinnen gab es mittlerweile eine Vielzahl von Arten und die ersten Libellen eroberten den Luftraum. Diese Libellen hatten eine Spannweite von bis zu 70cm. Sie konnten damals so groß werden, weil der Sauerstoffgehalt zu dieser Zeit deutlich höher war als heute und sie daher mehr Sauerstoff mit einem Atemzug aufnehmen konnten als das heute möglich ist.

Die Ausbreitung der Käfer

- vor 300.000.000 Jahren -

Die erste der neuen Insektenarten, die sich auf der Erde rapide ausbreitete, waren die Käfer.

Die Saurier

- vor 280.000.000 Jahren -

Bei den Pflanzen prägten die Samenfarne und die Nadelbäume das Land. Die Reptilien wurden immer größer und entwickelten sich schließlich zu den Sauriern. Im Meer waren die Ammoniten die wichtigste Lebensform – das waren schneckenähnliche Tiere mit einem spiraligen Schneckenhaus.

Zu dieser Zeit entstanden die Insekten, die eine vollständige Verwandlung (Ei – Made – Puppe – Insekt) durchmachen. Zu ihnen zählen ca. 75% aller heute lebenden Insekten. Diese Insekten waren auch die Vorfahren der Bienen.

Der Grund für diese Metamorphose durch vier verschiedene Gestalten ist noch unklar – vermutlich handelt es sich dabei um Stadien, die die Insekten während ihrer Evolution von den Einzeller („Ei") über die ersten röhrenförmigen Vielzeller („Made"), die Entwicklung des Außenskeletts („Puppe") und schließlich des Insektes durchlaufen haben. Allerdings ist der Grund für die vollständige Auflösung während der Verpuppung nach wie vor schwer zu deuten – allerdings kann sich ohne eine solche Verwandlung auch aus einer Made kein Insekt bilden. Eine ähnliche Wiederholung der gesamten Evolution vom Einzeller bis zum Menschen findet auch bei dem Embryo im Mutterbauch statt.

Vermutlich ist die Evolution so vorgegangen, dass sie jeweils die alten DNS-Programme beibehalten hat und die Neuerungen als Weiterentwicklung der alten DNS sozusagen als „Aufbau" zu dem alten „Fundament" hinzugefügt hat, sodass in der DNS des Insekts bzw. des Menschen nicht nur der Aufbau des Körpers, sondern die wesentlichen Entwicklungsschritte der Evolution gespeichert sind. Der Bauplan des Körpers ist somit zugleich eine Chronik der Evolution hin zu dem Lebewesen, dessen Körper durch die betreffenden DNS aufgebaut wird.

Anscheinend hat es bei den „Verwandlungs-Insekten" einst eine Neuorganisation der gesamten DNS gegeben, die sich dann in der Biographie des einzelnen Insekts als die Verwandlungsphase während der Verpuppung zeigt.

Die Ausbreitung der Fliegen

- vor 250.000.000 Jahren -

Die zweite Insektenart, die sich in großem Maße auf allen Kontinente verbreitete, waren die Fliegen.

Das dritte Massensterben

- vor 248.000.000 Jahren -

Durch einen größeren Klimawandel sind mehr als 50% der Landlebewesen (einschließlich der meisten Saurier) und 90% der Meereslebewesen gestorben. Auch ein großer Teil der Insektenarten ist zu dieser Zeit ausgestorben. Das war das bisher größte Massensterben auf der Erde.

Dieser Klimawandel wurde durch einen der größten bekannten Vulkanausbrüche in der Erdgeschichte bewirkt, bei dem in Sibirien ein Vulkan eine Fläche von über 7 Millionen km^2 mit Lava überflutete. Diese „Sibirischer Trapp" genannte Fläche ist ca. 3000km·2500km groß – also eineinhalbmal die Fläche der EU. Damals stieg die Durchschnittstemperatur auf der Erde auf über 30°C an, die Meeresströmungen brachen zusammen und die Meere wurden extrem sauerstoffarm, weshalb 90% aller im Meer lebenden Arten ausstarben.

Zu dieser Zeit gab es neben der extremen Hitze auch noch große Flächenbrände, sauren Regen und Sauerstoffmangel in der Luft, was insgesamt zur Bildung großer Wüsten sowie zu dem Sterben so gut wie aller Wälder führte.

Säugetiere und neue Insektenarten

- vor 230.000.000 Jahren -

Die Reptilien einschließlich der Saurier waren weiterhin die wichtigsten Landtiere, doch es entstanden nun die ersten Säugetiere mit wärmendem Fell, konstanter Körpertemperatur, dem Lebendgebären von Jungen, dem Stillen von Jungtieren und dem Sozialverhalten. Diese fünf neuen Errungenschaften ermöglichten den Säugetieren eine weitgehend Klima-unabhängige Lebensweise.

Bei den Insekten entwickelten sich viele neue Arten, da durch das vorhergehende Massensterben viele ökologische Nischen freigeworden waren. Diese Insekten entwickelten die Antenne mit dem beweglichen Gelenk und der Geißel, die das wichtigste Wahrnehmungsorgan neben den Augen war.

Das vierte Massensterben

- vor 205.000.000 Jahren -

Diesmal starben 30% aller Tierarten. Auch ein großer Teil der Insektenarten starb in dieser Zeit aus.

Die Ursache war wieder ein heftiger Vulkanismus, der diesmal jedoch nicht in Sibirien, sondern in Nord-Süd-Richtung in dem Urkontinents Pangäa stattgefunden hat und der auch das Auseinanderbrechen des Urkontinents in Afrika/Europa und Südamerika/Nordamerika bewirkt hat. Diese Ausbrüche dauerten ca. 600.000 Jahre lang. Dabei floss Lava auf eine Fläche von 11 Millionen km^2 aus – das sind noch einmal 50% mehr als bei dem dritten Massensterben. In den Spalt zwischen den beiden Hälften des Urkontinents Pangäa drang Wasser aus den Meeren ein bildete den ersten schmalen Meereskanal, der in den folgenden Millionen von Jahren zu dem Atlantischen Ozean anwuchs.

Bei diesen Ausbrüchen wurde riesige Mengen CO_2 und SO_2 freigesetzt, die zu einer Versauerung der Meere und zu einer heftigen Klimaerwärmung geführt haben, die das Ökosystem auf dem Land und in den Meeren weitgehend zusammenbrechen ließen.

Die ersten Hautflügler

- vor 200.000.000 Jahren -

Die Vorfahren der Wespen, Bienen und Ameisen erschienen schon um diese Zeit, doch sie entwickelten noch keine größere Vielfalt und waren auch nicht weit verbreitet.

Die Bienen sind vermutlich im westlichen Gondwana entstanden, d.h. im heutigen Afrika/Südamerika kurz vor der Trennung der beiden Kontinente. Gondwana war der südliche Teil des Urkontinents Pangäa.

Die Hautflügler – also die heutigen Bienen, Wespen und Ameisen – haben eine Reihe von Gemeinsamkeiten, die bis in diese Zeit vor 200 Millionen Jahren zurückreichen und die sich ganz offensichtlich bewährt haben.

Diese Gemeinsamkeiten sind:

-   Sowohl die Bienen als auch einige Wespenarten und die Ameisen, die alle drei zu den Hautflüglern zähen, sind staatenbildende Insekten mit einer Königin, die als einzige Eier legt. Eine derart auffällige Eigenheit kann nicht gleich dreimal parallel entwickelt worden sein. Die Termiten sind zwar eine Parallelentwicklung, aber sie weisen auch deutliche Abweichungen im Vergleich mit den Hautflüglern auf wie z.B. das Königs- und Königinnen-Paar.

-   Auch bei den Ameisen werden unbefruchtete Eier zu Drohnen, während befruchtete Eier zu Arbeiterinnen und Königinnen werden.

-   Das Fressen der „illegal“ gelegten Eier von Arbeiterinnen durch „gesetzestreue“ Arbeiterinnen und ihr aggressives Verhalten gegenüber Eier-legenden Arbeiterinnen ist nicht nur von Bienen, sondern auch von den Ameisen und auch von einigen Wespen-Arten und Hornissen-Arten bekannt. Auch dieses Verhalten, das das ganze Volk schütze, muss folglich ein altes Merkmal sein.

-   Wie Ameisenfunde in Bernstein zeigen, sind die Ameisen damals schon staatenbildend gewesen. Da Bienen und Ameisen dieselben Vorfahren in den Grabwespen-ähnlichen Insekten haben, müssen auch die Bienen schon damals staatenbildend gewesen sein.

-   Die Polyandrie bei den Bienen muss bis zu den ersten Bienen zurückreichen, da sie bei allen Bienenarten vorkommt.

-   Sechsecke sind die Platz- und Material-sparendste Bauform der Waben der Bienen und Wespen und auch der aneinander liegenden Brutröhren einiger Grabwespenarten. Das ursprüngliche Material der Hautflügler wird wie bei den heutigen Grabwespen feuchter Schlamm gewesen sein, der dann zu einer festen Röhre getrocknet ist.

Es lassen sich bei den heutigen Bienen noch weitere ursprüngliche Merkmale dieser frühen Hautflügler erkennen:

- Die Bienenköniginnen schlüpfen nach 16 Tagen, die Arbeiterinnen nach 21 Tagen und die Drohnen erst nach 24 Tagen. Das lässt vermuten, dass die Königin die ursprünglichste Form der Bienen ist und dass die Arbeiterinnen und die Drohnen Weiterentwicklungen der Königinnen sind. Das ist aber auch schon ohne diese Überlegung plausibel, da es bei den Insekten keine Arterhaltung ohne das Legen von Eier gibt, das eben nur noch von der Königin durchgeführt wird.

- Aus dieser Überlegung ergibt sich weiterhin, dass der Gelée royal die ursprüngliche Nahrung gewesen sein muss, da nur mit diesem Futter Königinnen entstehen. Das ist wiederum plausibel, weil Gelée royal der Futtersaft der Bienen ist, und es nachgewiesen wurde, dass durch Nektar und Pollen als Futter die Entwicklung von Königinnen verhindert wird – bzw. umgekehrt argumentiert: Nur mit Gelée royale entwickelt sich eine Königin, die Eier legen kann.

- Der Stachel der Arbeiterinnen wurde zum Giftstachel, um Feinde zu töten und zum anderen – bei einigen Wildbienen und Wespen – um Beutetiere zu lähmen, die anschließend als Larvennahrung dienen. Bei den Honigbienen ist der Stachel nur noch eine Waffe. Der Stachel hat Wiederhaken, was bedeutet, dass die Biene zwar andere Insekten mehrmals stechen kann, dass ihr Stachel aber in der elastischen Haut von Warmblütern stecken bleibt und sie dann stirbt. Ein solches Verhalten gibt nur bei staatenbildenden Insekten einen Sinn – das Stechen ist ein Selbstopfer der Biene für ihr Volk.

- Alle heutigen Bienen stammen genetisch von einer einzigen Art ab.

- Auch die Ameisen haben sich aus einer einzigen Art heraus differenziert, wie die genetischen Untersuchen zeigen.

- Die Hautflügler scheinen ursprünglich Vegetarier gewesen zu sein – das ist für staatenbildende Insekten effektiver ist als die Jagd. Das Fressen von anderen Insekten ist für staatenbildende Insekten unpraktikabel – schließlich können sie keinen Insektenfriedhof mit lauter Bienenlarven in den Insektenleichen anlegen. Das ist eher das Verfahren für Einzelinsekten. Vermutlich sind die Fleischfresser unter den Hautflüglern, also die z.B. einige Solitärbienen-Arten, eine spätere Entwicklung.

Die mit den Bienen nah verwandten Grabwespen töten Tiere und legen Eier in sie ab und vergraben sie. Die Pflanzenwespen benutzen den Stachel noch zum Anstechen von Pflanzen und der Ei-Ablage in den Pflanzen – die Schlupfwespen legen ihre Eier hingegen in einem lebenden Tier ab.

Da sowohl die Bienen, die Wespen als auch die Ameisen Staaten bilden, muss dies eine ursprüngliche Eigenschaft der Hautflügler gewesen sein. Sie müssen daher Vegetarier gewesen sein – erst die Bienen, die dann später zu Einzelgängern wurden (Solitärbienen), sind dann teilweise auch zu Fleischfressern geworden.

Die Schmetterlinge

- vor 200.000.000 Jahren -

Spätestens zu dieser Zeit entstanden auch die ersten Falter – also die Schmetterlinge und die Motten. Möglicherweise sind sie jedoch auch schon bis zu 50 Millionen Jahre früher entstanden.

Das Ende des Urkontinents

- vor 170.000.000 Jahren -

Der Urkontinent Pangäa zerbrach immer weiter. Dabei löste sich Südamerika vollständig von Afrika und trieb allmählich nach Westen davon, wodurch der Atlantische Ozean immer breiter wurde. Die Vulkane, die dieses Auseinandertreiben bewirkt haben, sind heute noch als der Mittelatlantische Rücken auf dem Meeresboden des Atlantiks zu sehen. Dieses „Vulkan-Gebirge auf dem Meeresgrund" ragt teilweise als Inseln über den Meerspiegel empor – die größte dieser Inseln ist Island.

Damals entstanden die ersten Blütenpflanzen. Die Wälder bestanden vor allem aus Mammutbäumen, Kiefern und Ginkgos. Die wichtigsten Tiere waren die Dinosaurier.

Die Dinosaurier

- vor 170.000.000 Jahren -

Das Land wurde von den riesigen Dinosauriern bevölkert – die Säugetiere waren noch sehr klein und fielen nicht weiter auf. Zu dieser Zeit entstanden aus den Reptilien auch die ersten Vögel. Sie hatten allerdings in der Luft noch Gesellschaft durch die Flugsaurier. Der Boden wurde nach und nach von Gräsern bedeckt, die erst jetzt entstanden sind.

Die Ausbreitung der Falter

- vor 150.000.000 Jahren -

Die dritte Insektenart, die die ganze Erdoberfläche eroberte, waren die Falter, zu denen u.a. die Schmetterlinge und die Motten gehören.

Die Ausbreitung der Hautflügler

- vor 150.000.000 Jahren -

Die Wespen, Bienen und Ameisen breiteten sich über alle Kontinente hin aus.

Die heutige Bienen, die den Nektar und die Pollen der Bedecktsamen-Pflanzen sammeln, die es erst seit dieser „Saurierzeit" gibt, haben sich gemeinsam mit den bedecktsamigen Blütenpflanzen entwickelt: Die Blüten gaben den Bienen die Nahrung – und die Bienen haben die Blüten bestäubt.

Die Bienen übernahmen weitgehend die Aufgabe der Blütenbestäubung, wodurch die anderen Fluginsekten weniger wichtig wurden – einfach deshalb, weil die Honigbienen effektiver bei der Bestäubung waren.

Die Bedecktsamer haben nach und nach immer auffälligere Farben entwickelt, um von den Bestäubern besser gefunden zu werden, und die Bestäuber entwickelten eine immer bessere Farbwahrnehmung. Die Blüten waren anfangs vermutlich grüngelb, später dann bunter. Vor dem Beginn der „Epoche der Bienen" wurden die Blüten durch Käfer und vor allem durch Fliegen bestäubt.

Durch die Trennung von Afrika und Südamerika haben sich zwei verschiedene Familien-Gruppen bei den Bienen entwickelt. Die afrikanische Art hat sich nach Europa, Asien und Australien hin ausgebreitet – die südamerikanische Art nach Nordamerika hin. Die Trennung der beiden Kontinente hatte zwar zu diesem Zeitpunkt bereits vor 20 Millionen Jahren begonnen, aber sie waren sich an manchen Stellen noch so nah gewesen, dass sich die Bienen erst jetzt allmählich zu zwei räumlich und genetisch getrennten Gruppen weiterentwickelten.

Da die Stachellosen Bienen aus Amerika zu stammen scheinen, wäre es denkbar, dass die Bienen erst nach der Trennung der beiden Kontinente Afrika und Südamerika in Afrika den Stachel entwickelt haben – doch das ist unsicher.

Die Termiten

- vor 150.000.000 Jahren -

Die Termiten haben sich aus einer Schaben-Art heraus entwickelt. Sie sind nicht näher mit den Hautflüglern (Bienen, Wespen, Ameisen) verwandt.

Die Blüten und die Bienen

- vor 110.000.000 Jahren -

Die Blütenpflanzen – insbesondere die Bedecktsamer – wurden mittlerweile zu einem sehr großen Teil von Bienen bestäubt. Die Farben vieler Blüten sind an die Wahrnehmung durch Bienen angepasst.

Die Blütenpflanzen wurden ursprünglich von Käfern bestäubt, doch die Bienen und die Blütenpflanzen haben sich gemeinsam weiterentwickelt: Die Bienen verbesserten die Bestäubung und dadurch die Vermehrung der Blütenpflanzen, während die Blütenpflanzen den Bienen Nahrung geben. Die Pflanzen entwickelten immer süßere Säfte, um die Bienen fester an sich zu binden. Zudem entwickelten sie tiefe Blütenkelche, die für andere Insekten unzugänglich waren – die Biene entwickelte ihrerseits ihren langen Rüssel, mit dem sie auch nach ganz unten an den Nektar und die Pollen in den Blütenkelch gelangt. Die Bienen entwickelten weiterhin die Pollentransport-Haare an ihren Hinterbeinen und an ihrem Bauch, was sowohl den Pollentransport als auch die Bestäubung der Blüten einfacher und effektiver machte.

Der erste Bienen-Fund

- vor 90.000.000 Jahren -

Die älteste gefundene Biene ist 75-92 Millionen Jahre alt. Sie gehört zu den stachellosen Honigbienen, also zu den Arten, die heute allesamt Staaten bilden. Das Bilden von Staaten muss bei den Bienen bzw. bei den Hautflüglern also schon sehr früh entwickelt worden sein oder eben – wofür viele Hinweise sprechen – eine ursprüngliche Eigenschaft der Hautflügler gewesen sein.

Möglicherweise waren die Hautflügler – also Bienen, Ameisen, Wespen – auch vor allen deshalb so erfolgreich, weil sie Staaten gebildet haben. Immerhin haben sie sich seit ihrer Entwicklung vor 150 Millionen Jahren bis heute weitgehend unverändert erhalten können … Können wir Menschen daraus vielleicht etwas über den Nutzen der Kooperation lernen?

Die Differenzierung der Hautflügler

- vor 66.000.000 Jahren -

Obwohl es die Hautflügler nun schon seit 134 Millionen Jahren gab, begannen sie sich erst um diese Zeit in größerem Ausmaß zu differenzieren. Viele dieser Hautflügler entwickelten sich zusammen mit den Blütenpflanzen, von deren Nektar und Pollen einige dieser Hautflügler lebten.

Das fünfte Massensterben

- vor 65.000.000 Jahren -

Die Zeit der Saurier endete schlagartig durch den Einschlag eines großen Meteoriten auf der Erde, der zu einem mehrjährigen Winter führte, in dem die meisten Saurier erfroren. Die warmblütigen Säugetiere und Vögel hingegen waren deutlich besser gegen diese Kälte geschützt. Damals starben 30% der Arten aus. Die Insekten hat dieses Ereignis erstaunlicherweise nicht besonders stark betroffen.

Die großen Säugetiere

- vor 45.000.000 Jahren -

Die Säugetiere waren mittlerweile zur prägenden Tierart geworden. Am größten waren die Rüsseltiere – die Vorfahren der heutigen Elefanten. Es gab auch riesige Laufvögel – die Vorfahren des Vogel Strauß.

Europa lag damals weitgehend unter Wasser und war nur eine Inselgruppe.

Die Insektenarten nahem deutlich zu – allerdings vor allem deshalb, weil kaum eine der neu entstehenden Arten später wieder ausstarb, und nicht deshalb, weil sich so viele neue Arten gebildet hätten.

Die Menschen

- vor 2.000.000 Jahren -

Der die ersten Menschen entwickelten sich aus den gemeinsamen Vorfahren der Schimpansen und der Menschen.

Die Altsteinzeit

- vor 1.000.000 Jahren -

Die Menschen begannen erst Stöcke und dann auch Steine und später dann behauene Steine („Faustkeil") als Waffe und Werkzeug zu benutzen.

Die Eiszeit

- vor 600.000 Jahren -

Die Eiszeit zwang die Menschen, das Feuer systematisch zu beherrschen, das Beheizen von gut abgedichteten Hütten mithilfe von im Feuer zum Glühen gebrachten Steinen zu entwickeln, und sich Kleidung zu nähen.

Die Mittelsteinzeit

- vor 50.000 Jahren -

Die Menschen stellten nun Pfeil und Bogen, mit Knochenperlen verzierte Kleidung, Höhlenmalereien, Elfenbeinskulpturen, Totempfähle, Musikinstrumente und noch einiges mehr her, sodass man seit dieser Zeit von einer „Kultur" sprechen kann.

Die ersten Honigsammler

- um 15.000 v.Chr. -

Die erste Felsritzungs-Darstellung von Frauen, die Honig von Wildbienen sammeln, stammt aus dem Ende der Mittelsteinzeit aus Spanien. Es ist allerdings anzunehmen, dass die Menschen schon deutlich länger Honig aus den Nestern von wilden Honigbienen gesammelt haben werden – nur hat das keine archäologisch fassbaren Spuren hinterlassen.

Die Jungsteinzeit

- um 10.000 v.Chr. -

Die Menschen ernährten sich bis um 8500 v.Chr. weiterhin von der Jagd, lebten in größeren Gruppen in festen Dörfern zusammen, machten große Fortschritte in der Steinbearbeitung und errichteten die ersten Tempel („Göbekli Tepe").

Der erste Imker

- um 8.500 v.Chr. -

Als die Menschen um diese Zeit damit begonnen haben, Ackerbau und Viehzucht zu betreiben, also nicht nur zu sammeln und zu jagen, sondern das, was sie essen wollten, zu schützen und zu fördern, werden sie vermutlich auch damit begonnen haben, Bienen zu züchten. Die archäologischen Funde zeigen, dass die Menschen damals versucht haben, alle möglichen Tierarten zu domestizieren – warum also nicht auch die Honigbienen?

Das Königtum

- um 3.250 v.Chr. -

altägyptischer Imker

Zur Verbesserung der Koordination beim Bau der Bewässerungskanäle wurde in Ägypten das erste Königreich gegründet, dem erst 1000 Jahre später das Hethiter-Reich in der heutigen Türkei und das Sumerer-Reich in Mesopotamien folgten.

Die Bienenhaltung muss damals schon eine große Bedeutung gehabt haben, da sie in Ägypten das Symboltier für das Nildelta gewesen ist. Einer der fünf Titel des Pharaos lautete „Nisut-Bity", was „der, der zur Binse und zur Biene gehört" bedeutet. Die Binse symbolisierte Oberägypten und die Biene Unterägypten.

Die Mayas

- um 1.500 v. Chr. -

In Mittelamerika gab es bei den Mayas schon in vorkolumbischer Zeit viele Imker – vermutlich auch bei andern mittelamerikanischen Völkern sowie im Süden von

Nordamerika und im Norden von Südamerika. Es ist unbekannt, wie weit die Bienenzucht bei ihnen zurückreicht.

Der Materialismus

- um 1.500 v. Chr. -

Mit der Entdeckung Amerikas, der Erfindung des Buchdrucks, dem Nachweis der Richtigkeit des heliozentrischen Weltbildes, und später dann durch die Erfindung der Dampfmaschine begann das Zeitalter des Materialismus.

Die Epoche der Globalisierung

- um 1945 n.Chr. Jahren -

Die Schrecken des Zweiten Weltkrieges haben der Idee einer Kooperation zwischen allen Staaten einen großen Auftrieb gegeben. Die Erkenntnis, dass die fortschreitende Umweltzerstörung letztlich auf einen kollektiven Selbstmord der Menschen hinausläuft, hat dieser Erkenntnis um ca. 1965 noch einmal einen wichtigen Aspekt hinzugefügt. Das 1972 erschienene Buch „Grenzen des Wachstums" des „Club of Rome" hat schließlich deutlich gezeigt, dass auch in der Wirtschaft etwas anderes als nur das Konkurrenz-Prinzip notwendig ist.

Der Sieg der Insekten

- um 2000 n.Chr. -

Die Insekten waren die bisher erfolgreichste Tierart: Heute sind mehr als die Hälfte aller Tierarten auf der Erde Insekten.

Die heutigen Bienenarten

- um 2024 n.Chr. -

Zu den heutigen Hautflüglern, die auch „Stechimmen" genannt werden, gehören neben den Honigbienen die Hummeln, Wespen, Hornissen und Ameisen.

Weltweit gibt es ca. 20.250 Bienenarten; davon leben in Europa 2.000 Arten und in Deutschland 600 Arten.

Die Bienen sind im Durchschnitt 10mm lang, die kleinesten Bienen sind jedoch nur 1,5mm lang und die Holzbienen bis zu 28mm lang. Die größte heutige Bienenart ist Megachile pluto, die 40mm lang werden kann – also deutlich größer als Hornissen, deren Arbeiterinnen 25mm lang werden.

In Deutschland gibt es 560 Wildbienen-Arten: Blutbiene, Seidenbiene, Schmalbiene, Zottelbiene, Sandbiene, Filzbiene, Goldwespe, Sägehornbiene, Furchenbiene, Grabwespe, Heide-Feldwespe, Gehörnte Mauerbiene, Rote Mauerbiene, Kuckuckshummeln usw.

Diese Wildbienen haben die verschiedensten Lebens- und Gemeinschaftsformen entwickelt. Bei den Furchenbienen z.B. überwintert das Weibchen, baut im Frühjahr eine Höhle mit 25 Zellen. Die aus ihnen geschlüpften 25 Bienen pflanzen sich nicht fort, sondern erweitern das Nest und kümmern sich um die nächste Generation der Eier der Mutter. Im Spätsommer werden dann fortpflanzungsfähige Weibchen und Drohnen geboren, die sich begatten. Die Mutterbiene stirbt im Herbst und die Weibchen gründen im nächsten Frühling neue Bienen-Kolonien.

Die Hummeln zählen ebenfalls zu den Bienen. Sie leben in Völkern von 50-600 Arbeiterinnen zusammen und haben auch nur eine Königin.

Bei den wirbellosen Tieren gilt allgemein die Regel: „je feuchter und wärmer, desto mehr Arten“. Diese Regel trifft jedoch nicht auf die Bienen zu: In der Antarktis gibt es keine Bienen; in der Arktis und in den Kaltgebieten in Nordamerika, Nordasien und Südamerika (Patagonien) gibt es nur sehr wenige Bienen; in den nördlichen und südlichen Subtropen gibt es sehr viele Arten; in den Wüsten, Trockengebieten und Hochgebirgen gibt es nur wenige Arten; doch auch in den Tropen, in denen man eigentlich die größte Anzahl an Arten erwarten sollte, gibt es nur sehr wenige Arten. Der Grund für diese Anomalie ist noch nicht sicher geklärt.

Das sechste Massensterben

- um 2024 n.Chr. -

Die Klimaerwärmung lässt befürchten, dass es zu einem sechsten Massensterben auf der Erde kommen könnte – auch bei den Bienen. Dieses Massensterben wäre diesmal menschengemacht.

Von den heute bekannten 147.500 Tier-und Pflanzenarten stehen bereits 41.500 Arten auf der Roten Liste, d.h. sie sind vom Aussterben bedroht – das sind 28% aller bekannten Arten. Wenn diese Arten tatsächlich aussterben sollten, würde das heute von uns Menschen verursachte Massensterben dieselbe Größenordnung erreichen wie die bisherigen fünf Massensterben, die durch Vulkane und Meteoriten und großflächige Vereisungen verursacht worden sind:

1. Massensterben vor 430 Millionen Jahren: 50% aller Arten ausgestorben

2. Massensterben vor 354 Millionen Jahren: 60% aller Arten ausgestorben

3. Massensterben vor 248 Millionen Jahren: 70% aller Arten ausgestorben

4. Massensterben vor 205 Millionen Jahren: 30% aller Arten ausgestorben

5. Massensterben vor 65 Millionen Jahren: 30% aller Arten ausgestorben

6. Massensterben heute: 28% aller Arten bedroht

Nach den ersten fünf Massensterben war alles anders als vorher und die zuvor dominanten Tierarten waren verschwunden und andere Arten traten an ihre Stelle. Dabei sind natürlich jedesmal vor allem die Tiere, die an der Spitze der Nahrungskette standen – also die Großraubtiere – ausgestorben. Diese Tiere an der Spitze der Nahrungskette sind bei dem heutigen Massensterben eindeutig die Menschen.

11. Ko-Evolution

≋

Die Bienen haben sich in den 200 Millionen Jahren seit ihrer Entstehung nicht isoliert und nur aus sich selber heraus weiterentwickelt, sondern im Zusammenhang mit den Blütenpflanzen und auch im Zusammenhang mit dem Klima, mit Nahrungskonkurrenten und mit Fressfeinden. Diese Ko-Evolution ist bei der gegenseitigen Abhängigkeit von Bienen und Blütenpflanzen besonders deutlich.

Bienen und Blüten

Viele Wildbienen sind vollständig auf die Blüten bestimmter Pflanzen spezialisiert und sind daher zuverlässige Bestäuber – allerdings sind sie auch stärker vom Aussterben bedroht, weil sie, wenn ihre Futter-Blüte ausstirbt, nicht auf andere Blüten ausweichen können.

Manche Pflanzen können nur durch eine einzige Bienenart bestäubt werden

Einige Orchideen ahmen mit ihren Blütenblättern farblich, von der Form und dem Duft her eine weibliche Biene nach und locken so die Drohnen zur Bestäubung an – Werbung mit Sex wirkt immer: „Sex sells".

Tagestreue

Die Honigbienen fliegen an einem Tag nur eine Sorte Blüten an. Das hat für die betreffende Pflanzensorte den Vorteil, dass die Bienen nur Pollen mit sich tragen, der auch zur Bestäubung der betreffenden Blüten geeignet ist – schließlich kann eine Blüte nur von dem Blütenstaub der eigenen Pflanzenart befruchtet werden.

Dieses Verhalten hat wiederum für die Bienen den langfristigen Vorteil, dass diese Blütenart erhalten bleibt.

Es haben sich bei den Bienen also „Traditionen" herausgebildet, deren Vorteile den einzelnen Bienne sicherlich nicht bewusst sein werden, aber die dafür sorgen, dass die Bienenschwärme auch sehr langfristig betrachtet – über Millionen Jahre hin – genügend Futter haben.

Ein Vorbild für die Menschen?

Bienen und Mikroben

In dem Verdauungstrakt der Bienen befinden sich viele Arten von Mikroben, die zusammen mit den Pollen aufgenommen werden. Sie sind für die Bienen, d.h. für ihre Verdauung lebenswichtig – genauso wie es die Bakterien im Verdauungstrakt der Menschen für die Menschen sind.

Bienen und Pilze

Einige Pilze versorgen Bienen mit lebenswichtigen Nährstoffen und schützen sie z.T. gegen Viren, Bakterien und andere Pilze. Bienen essen diese Pilze als Präventiv-Medizin und Bienenstöcke ohne diese Pilze sind Krankheits-anfälliger – Vorsorge ist besser als Heilen.

Die Larven werden bei einigen Bienenarten mit Pilzen gefüttert, damit sie Steroide produzieren können, die ihrerseits Vitamine und Hormone produzieren. Dadurch bildet sich ein weißer mikrobieller Film zwischen der Brutzelle der geschlüpften Larve und ihrer Nahrung, in dem diese Pilze enthalten sind. Das entspricht in etwa dem antibiotisch wirkenden Penicillin, das u.a. auf verschimmeltem Brot wächst.

Einige Pilze wachsen auch in den Varroa-Milben und töten sie. Diese Pilze sind wirksamer als Pestizide, die auch die Bienen selber schädigen.

Es gibt auch Pilze, die die Entflammbarkeit der Bienen reduzieren – doch dies ist ein Vorteil, der nur selten wirklich wichtig ist.

Bienen und Milben

Es gibt nicht nur die Milben-Arten wie die Varroa-Milben, die die Bienen schädigen, sondern auch Milben-Arten, die in einer Kooperation und Ko-Evolution mit den Bienen stehen. Einige dieser Milben-Arten fressen z.B. die Pilze, die die Pollen im Bienenstock befallen. Diese Milben wohnen in den Haaren der Bienen und haben immer genügend zu fressen. So helfen sich die diese Milben und die Honigbienen gegenseitig. Ohne diese Zusammenarbeit würden die Pollen der Bienen öfter verschimmeln und die Milben hätten keine gesicherte Nahrungsquelle. Gemeinsam lebt's sich leichter …

Auch die Tarsonemus-Milben leben in Bienenstöcken. Sie ernähren sich von Pilzen, Nestmaterial und Pollen. Ihre genaue Wirkung auf die Bienen ist noch unerforscht – möglicherweise ist auch dieses Zusammenleben von beidseitigem Nutzen.

12. Mensch

H

Die Menschen sind auf vielfältige Weise mit den Bienen verbunden. Diese Verbindungen sind im Folgenden von den nützlichen hin zu den schädlichen Kontakten zwischen Mensch und Biene geordnet.

Bestäubung

Einem Bericht der UN zufolge sind 90% der wild wachsenden Pflanzen auf die Bestäubung durch Tiere angewiesen, ebenso 75% der angebauten Nahrungsmittel-Pflanzen und 35% der Pflanzen auf den landwirtschaftlichen Flächen.

Ein Bienenvolk kann an einem Tag 3.000.000 Obstblüten bestäuben. Das Aufstellen von Bienenvölkern in Obstplantagen führt zu deutlichen Ertragsteigerungen: Himbeeren +50%, Erdbeeren +50%, Birnen +71%, Pflaumen +75%, Sauerkirschen +78%, Äpfel +86%. Außerdem erhalten die Früchte eine bessere Qualität – sie werden sowohl größer als auch süßer. Der Grund dafür ist noch nicht ganz erforscht worden.

Erdbeeren, Kirschen, Raps, Kaffee, Wassermelonen u.a. bringen reichere Erträge, wenn sie von Wildbienen statt von Honigbienen bestäubt werden.

Wildlebende Insekten sind doppelt so effektiv wie Honigbienen beim Bestäuben. Diese höhere Befruchtungs-Effektivität geschieht nicht durch größere Mengen an Pollen, sondern durch die bessere Qualität der transportierten Pollen – wobei auch dies noch nicht ganz geklärt ist. Da es jedoch weit mehr Honigbienen als Wildbienen gibt, sind insgesamt gesehen die Honigbienen für die Bestäubung wichtiger als die Wildbienen.

In China werden die Obstbäume mittlerweile wegen dem Aussterben der Bienen per

Hand mit Wattebäuschen u.ä. bestäubt.

Wenn in Zukunft allgemein die Menschen statt den Insekten die Blüten bestäuben würden, würde das weltweit pro Jahr 153 Milliarden Euro kosten – nach einer Schätzung von Greenpeace sogar 265 Milliarden Dollar.

Bienenhilfen

Die Honigbienen und vor allem die Wildbienen brauchen Blühstreifen, Hecken, blühende Brachflächen und Stilllegungsflächen, Untersaaten, vielfältige Fruchtfolgen, Nistmöglichkeiten und eine ökologische Landwirtschaft.

Insektenvielfalt

Die Pflanzen bringen besonders viele Samen und Früchte hervor, wenn es eine große Vielfalt an bestäubenden Insekten gibt: Wildbienen, Fliegen, Käfer, Schmetterlinge und zum Teil auch Vögel. Diese Mischung ist effektiver als die Befruchtung nur durch Honigbienen.

Auch die Landwirtschaft braucht Artenvielfalt bei den Insekten.

Ein Drittel der weltweiten Nahrungsmittelproduktion ist von der Bestäubung durch Tiere abhängig – dabei spielen auch die Wildbienen eine wichtige Rolle.

<u>Honigproduktion</u>

Honig ist ein sehr beliebtes Nahrungsmittel. 2021 wurden weltweit 1,8 Millionen Tonnen Honig produziert – das sind 3,6 Milliarden der üblichen 500g-Gläser voller Honig.

Die Honig-Produktion der einzelnen Länder ist in der folgenden Tabelle in Tonnen angegeben. Die Liste ist nicht ganz vollständig.

Land	Wert	Land	Wert	Land	Wert
China	485.960	Litauen	7.894	Norwegen	1.690
Türkei	96.344	Serbien	7.438	Peru	1.681
Iran	77.152	Aserbaidschan	6.803	Dänemark	1.500
Argentinien	71.318	Kroatien	6.657	Afghanistan	1.362
Ukraine	68.558	Ruanda	6.092	Estland	1.343
Indien	66.278	Tschechien	6.086	Schweiz	1.316
Russland	64.533	Guatemala	5.928	Libanon	1.264
Mexiko	62.080	Myanmar	5.569	Costa Rica	1.133
USA	57.364	Algerien	5.165	Dominik. Rep.	1.124
Brasilien	55.828	Albanien	4.835	Südafrika	1.083
Kanada	40.720	Kamerun	4.706	Guinea	1.076
Tansania	31.608	Kolumbien	4.650	Tschad	1.051
Spanien	30.513	Tadschikistan	4.591	Burkina Faso	965
Südkorea	30.221	Pakistan	4.385	Oman	948
Rumänien	25.269	Ägypten	4.362	Sambia	894
Angola	23.409	Slowakei	4.212	Ecuador	877
Griechenland	22.590	Österreich	4.100	Turkmenistan	861
Vietnam	21.526	Nepal	4.062	Libyen	789
Neuseeland	20.500	Israel	4.000	Jamaika	766
Deutschland	19.600	Moldawien	3.983	Sudan	744
Polen	19.031	Madagaskar	3.975	Zypern	660
Kenia	17.265	Senegal	3.910	Bolivien	659
Zentralafr. Rep.	16.779	Kasachstan	3.691	Venezuela	632
Frankreich	14.382	Tunesien	3.680	Mosambik	630
Usbekistan	14.067	Schweden	3.400	Elfenbeinküste	623
Ungarn	14.000	Syrien	3.253	Burundi	610
Taiwan	13.260	Finnland	3.100	Sierra Leone	599
Äthiopien	13.000	Mazedonien	2.814	Osttimor	582
Uruguay	12.794	Jemen	2.738	Mongolei	479
Thailand	12.307	Japan	2.729	Montenegro	445
Chile	11.929	Kirgisistan	2.363	Mali	429
Bulgarien	11.518	Armenien	2.212	Palästin. Autonom.	350
Australien	11.403	Lettland	2.135	Fidschi	285
Kuba	10.858	El Salvador	2.001	Irland	268
Portugal	10.441	Georgien	2.000	Haiti	257
Großbritannien	9.662	Weißrussland	1.985	Jordanien	244
Italien	9.500	Bosnien/Herzog.	1.876	Slowenien	195
Marokko	7.960	Paraguay	1.868	Samoa	179

Nicaragua	173	Guyana	92	Trinidad/Tob.	35
Guinea-Bissau	163	Honduras	83	Tonga	11
Panama	155	Belize	56	Niue	7
Papua-Neug.	154	Luxemburg	48	Tuvalu	4
Saudi-Arabien	118	Bhutan	43	Cookinseln	1
Irak	106	Suriname	37		

In Deutschland gibt es 1.000.000 Bienenvölker bei 80.000 Imkern – im Schnitt also ein Dutzend Bienenvölker pro Imker. Sie produzieren pro Jahr 25.000 Tonnen Honig, doch das sind nur 20% des Bedarfs in Deutschland, der 125.000 Tonnen pro Jahr beträgt.

Steinzeit-Zahnarzt

In der Altsteinzeit benutzte man Bienenwachs zum Füllen von Karieslöchern in den Zähnen.

Propolis

Das Propolis, das von den Bienen aus Baumharz als Grundstoff hergestellt wird, findet auch als Heilmittel Anwendung. Da Propolis ein Naturstoff ist, der aus einem großen Gemisch an Substanzen besteht, sind auch seine Heilwirkungen vielfältig:

- Propolis wirkt antioxydierend und schützt daher u.a. vor Arteriosklerose, Herz/Kreislauf-Erkrankungen, Arthritis und Krebs.

- Propolis hemmt das Wachstum von Pilzen, Bakterien und Viren und schützt daher allgemein die Gesundheit.

- Propolis fördert die Wundheilung.

- Propolis wird für bei der Herstellung von Tinkturen, Salben, Mundwassern, Lutschtabletten, Nasensprays und Kapseln als Hilfsmittel verwendet.

- Propolis hilft bei kleineren Entzündungen und Hautverletzungen und

Problemen mit der Mundschleimhaut.

Propolis kann aber vereinzelt auch allergische Reaktionen hervorrufen.

Bienengift

Das Gift der Bienen wird zur Behandlung von Insektengiftallergien und für den Muskelaufbau verwendet.

In der Homöopathie wird das Bienengift-Mittel „Apsinum" vor allem gegen Schwellungen und Rötungen verwendet.

Bienengift wird auch als naheliegende Alternative zu Botox in der „Anti-Aging"-Branche verwendet.

Generell fördert Bienengift die Durchblutung, verdünnt das Blut, hemmt die Blutgerinnung, senkt den Cholesterinspiegel und wirkt gegen Pilze, Bakterien und Viren.

Mumifizierung

Im Alten Ägypten wurde Propolis bei der Einbalsamierung von Mumien verwendet.

Lack

Aus Propolis kann ein hochwertiger Lack für Holzlasuren hergestellt werden. In der Zeit von 1550-1750 wurde Propolis in Italien in Cremona in Oberitalien für die Herstellung eines sehr hochwertigen Geigenlacks für die „Cremoneser Violinen" verwendet.

Bienenstiche

Bei Bienenstichen entsteht eine örtliche Entzündung, gegen die sofortiges Kühlen hilft. Als erstes sollte man den Stachel herausziehen, da dies die Giftmenge verringert, die in die Haut gerät.
Erst über 100 Stiche sind für den Menschen gefährlich. Allerdings droht bei Stichen

im Hals und im Rachen Erstickungsgefahr. Solche Stiche kommen jedoch eher bei Wespen als bei Bienen vor, da sich Wespen gern auf Kuchen u.ä. setzen und dann manchmal versehentlich verschluckt werden.

Eine größere Gefahr ist die Bienenallergie, die bei ca. 1% der Bevölkerung vorhanden ist. In den USA sterben jährlich ca. 60 Menschen an Stichen von Hornissen, Bienen und Wespen. Die meisten Toten sind männlich. Warum? Kommen sie eher mit Bienen in Kontakt?

„Killerbienen"

Es stellte sich nach und nach heraus, dass die nach Amerika gebrachten europäischen Honigbienen das Klima in Amerika nicht gut vertragen. Daher hat man 1965 in Brasilien Kreuzungen der aus Europa eingeführten Bienen, die nun „amerikanische Bienen" genannt wurden, mit afrikanischen Bienen aus Südafrika versucht. Doch bei diesen Experimenten wurden 26 Schwärme mit afrikanischen Königinnen durch ein Versehen freigelassen. Die Nachkommen dieser 26 afrikanisch-amerikanischen Bienenschwärme vermehrten sich sehr schnell und gelangten innerhalb von 40 Jahren bis in den Süden der USA.

Dabei haben sie sich immer wieder einmal mit den europäischen Honigbienen der amerikanischen Imker gekreuzt, wodurch auch die Bienen in den USA immer „afrikanischer" wurden und sich die afrikanischen Gene durchsetzen konnten. Diese Entwicklung kam dadurch zustande, dass die afrikanischen Königinnen einen Tag früher schlüpfen als die europäischen Königinnen, und die „Afrika-Queens" die „Europa-Queens" – so wie das unter diesen Königinnen üblich ist – noch vor deren Schlüpfen töten konnten.

Diese „afrikanisierte amerikanische Honigbienen-Art" setze sich in den Tropen und Subtropen von Amerika durch.

Ihren Namen „Killerbienen" erhielten diese Bienen, weil sie sehr angriffslustig sind und weil sie – im Gegensatz zu den europäischen und den ursprünglichen amerikanischen und afrikanischen Bienen – Feinde einschließlich des Menschen nicht als Einzelbiene, sondern als Schwarm angreifen und ihre Feinde außerdem auch noch verfolgen.

Eine sehr große Zahl an Bienenstichen – deutlich über 100 – kann tödlich sein. In Brasilien starben früher ca. 25 Menschen pro Jahr an Bienenstichen – nach der Freilassung der Afrikanisierten Biene stieg diese Zahl auf 195 Todesfälle pro Jahr.

Brasilien versucht seit einer Weile, die Aggressivität der Afrikanisierten Bienen zu reduzieren, indem sie in viele Bienenschwärme Königinnen der besonders sanften italienischen Honigbienen-Art einsetzt. Der Erfolg dieser Maßnahme ist noch nicht sicher.

Glücklicherweise kam es in Brasilien nicht zu einer Verdrängung der heimischen Bienenarten durch die Afrikanisierte Biene.

Da die Afrikansierte Biene pro Jahr ca. 80kg Honig sammelt und nicht nur 20-30kg wie die europäische Honigbiene, ist Brasilien ist durch die Afrikanisierte Honigbiene zu einem der größeren Honigproduzenten geworden.

In den nördlichen USA und in Europa ist es zu kalt für diese Afrikanisierten Bienen.

Bienen als Nahrungsmittel

In einigen Ländern werden auch gebratene Bienen und andere Insekten und Insektenlarven gegessen. Das ist jedoch keine Bedrohung der Bienenbestände.

Neonics

Die Neonicotinide („Neonics“) sind ein Nervengift, das für Insekten lebensbedrohlich ist. Mit den Neonics wird das Saatgut behandelt und gelangt über die daraus entstehende Pflanze auch in den Nektar und in die Pollen. Honigbienen, Schmetterlinge, Hummeln, Schwebfliegen usw. verlieren durch die Aufnahme von Neonics wie bei Alzheimer ihr Gedächtnis und die Kommunikationsfähigkcit untereinander – sie finden nicht mehr heim oder brauchen dafür sehr lange.

Die Neonics schädigen das Gehirn der Insekten und stören dadurch die Wahrnehmung, das Lernen, das Erinnern, das Orientieren, das Navigieren, das Kommunizieren, die Larvenentwicklung, den Energiestoffwechsel, die Form der Gene, die Fruchtbarkeit der Bienenköniginnen usw. und führen schließlich zum Tod des einzelnen Insekts oder der ganzen Insekten-Art. Neonics schädigen die Königinnen der

Honigbienen und noch stärker die Mütter der Wildbiene und bedrohen dadurch auch den ganzen Bienenstock bzw. das ganze Bienennest.

Die Dichte an Wildbienen halbiert sich, wenn ein mit Neonics behandeltes Feld in der Nähe ist. Die Neonics wirken auf die Wildbienen stärker als auf die Honigbienen, da die Wildbienen kleiner sind.

Das auf die Pflanzen gespritzte Neonic gelangt nur zu 2-20% in die Pflanze – der Rest (80-98%) versickert im Boden und schadet den Tieren im Boden und reichert sich im Boden und folglich auch in den Pflanzen, die auf diesem Boden wachsen, an.

Bekannte Noenic-Sorten sind Clothianidin und Thiacloprid sowie das frei im Handel erhältliche Calypso.

Die Neonics, die in der Landwirtschaft und in den Gärten verwendet werden, sind wahrscheinlich die Hauptursache für das großflächige Insektensterben in Europa und in Amerika: Neonics sind in den Pollen und in dem Nektar, von denen sich viele Insekten ernähren; sie sind in den Ackerpfützen, aus denen Insekten Wasser aufnehmen; und sie sind auch in den Teichen, Tümpeln und Wassergräben, in denen die Larven der Insekten heranwachsen und schlüpfen.

Die Neonics gelangen auch in andere Tiere und wirken z.B. auf den Hippocampus von Fledermäusen, sodass sie nicht mehr effektiv navigieren können. Vögel verlieren durch Neonis an Gewicht und Orientierung und können sich nicht mehr an ihre Zugvogel-Strecken erinnern.

Auf dem Neonic „Calypso" der Firma Bayer steht zwar „nicht bienengefährlich", doch es werden derzeit nur veraltete und oberflächliche Prüfmethoden verwendet. Da Bayer in Deutschland sitzt und ein sehr großes Unternehmen ist, tun sich die deutschen Behörden mit einem Verbot von Neonics eher schwer.

In Frankreich ist hingegen die vorbeugende Anwendung von Neonics verboten worden, was den Einsatz von Neonics um 80% reduziert hat – was natürlich nicht im Sinne der Hersteller der Neonics ist. Diese Reduzierung des Einsatzes von Neonics in Frankreich hat keinerlei nachteilige Folgen gehabt. In Frankreich dürfen Insektenschutzmittel auch nur noch nach einer vorherigen Prüfung und dem Erteilen einer Sondergenehmigung verwendet werden. Außerdem dürfen die Landwirte ihre Informationen über Neonics nicht über die Hersteller erhalten, da die Hersteller bei diesem Thema alles andere als sachlich und neutral sind.

Inzwischen sind auch 3 der insgesamt 13 Neonics in der EU verboten worden, doch die Agrarkonzerne geben nun die alten Neonics in leicht abgewandelter Form unter neuem Namen heraus.

Pestizide

Varroa-Milben sind ein großes Problem für die Bienen und die Imker, aber die durch Pestizide reduzierte Immunabwehr der Bienen ist das eigentliche Problem, da die Pestizide die Bienen so sehr schwächen, dass sie sich nicht mehr effektiv gegen die Varroa-Milben wehren können.

Wildblumensterben

Sowohl die Honigbienen als auch die Wildbienen brauchen eine große Vielfalt an Blütenpflanzen als Nahrung. Daher ist es notwendig, die Ackergifte zu reduzieren, damit es wieder mehr Wildblumen gibt.

Artensterben

- weltweit -

Bei den 35.000 untersuchten Populationen von Säugetieren, Vögeln, Fischen, Amphibien und Reptilien ist der Bestand – also die Anzahl der Tiere einer Art – in den letzten 50 Jahren um 73% gesunken.

Dies sind von den Lebensbereichen her gesehen:

- Süsswasser-Ökosysteme: -85%
- Land   -69%
- Meer   -56%

Von den Kontinenten her betrachtet war dieser Bestands-Rückgang am größten in:

- Lateinamerika/Karibik -95%
- Afrika   -76%
- Asien/Pazifik   -60%

Derzeit sind viele Tierarten gefährdet:

- Amphibien: 40%
- Haie und Rochen: 30%
- Säugetiere: 25%
- Vögel: 13%

Die Hauptursachen für dieses Artensterben und diese Bedrohung sind die Reduzierung des Lebensraums, die Umweltverschmutzung und die Klimakrise. Die Extremwetter zerstören die Lebensräume von Insekten: Manche Insekten ertragen keine heißen Sommer und die milden Winter fördern die Ausbreitung von Parasiten.

In den nächsten 5 Jahren (2025-2030) werden viele Kippunkte erreicht werden, ab denen die Rückkehr zum heutigen Zustand gar nicht oder nur sehr langfristig möglich ist. Dabei sind nicht nur einzelne Arten bedroht, sondern ganze Ökosysteme wie der Amazonas-Regenwald und die Korallenriffe.

Die Biomasse („Gesamtgewicht") der wild lebenden Säugetiere auf der Erde hat in den letzten 50 Jahren (seit 1970) um 82% abgenommen.

Zwischen 1970 und 2020 haben die Menschen ca. 69% aller Populationen (örtliche Gruppen) der Säugetiere, Vögel, Fische, Amphibien und Reptilien vernichtet. Am drastischsten ist die Entwicklung in Mittel- und Südamerika, wo die Tierbestände um 94% geschrumpft sind.

Mehr als 25% der Insekten weltweit sind bestandgefährdet – Tendenz steigend. Diese Bedrohung ist unterschiedlich verteilt:

- Wasserkäfer 87%
- Wildbienen 50%
- Laufkäfer 37%
- Heuschrecken 35%
- Raubfliegen 32%
- Schwebfliegen 29%
- Schmetterlinge 17%
- Gnitzen (kleine Mücken) 7%

Bis 2050 werden aufgrund der steigenden Temperaturen vermutlich 90% aller Korallen sterben.

Derzeit sind ca. 40% aller Baumarten vom Aussterben bedroht.

Die derzeitige Artensterben-Rate ist durch den Menschen um das 1000fache bis 10.000-Fache vergrößert, d.h. in einem Jahr sterben so viele Arten aus wie in den letzten 1000 bis 10.000 Jahren zusammen.

Der Klimawandel wird ca. 50% aller Tierarten aussterben lassen. Das wird wiederum viele Kettenreaktionen in dem Ökosystem der Erde auslösen, von denen mit Sicherheit auch die Menschen betroffen sein werden.

Die invasiven Arten, also Pflanzen und Tiere, die durch die Globalisierung unabsichtlich in andere Länder verschleppt worden sind, tragen zu 60% zu dem Artensterben bei. Die Abwehr dieser Gefahr kostet derzeit jährlich 400 Milliarden $.

- Europa -

80% der natürlichen Lebensräume in Europa sind bereits geschädigt und tragen daher zu dem Artensterben bei. Hier ist eine großräumige Renaturierung dringend notwendig.

- Deutschland -

Die Insekten-Biomasse in Deutschland hat sich innerhalb von 30 Jahren (ca. 1990-2020) um 75% verringert. Im übrigen Europa sieht es ganz ähnlich aus. Dieser Prozess der massiven Schrumpfung des Insektenbestandes beschleunigt sich seit 2000 – daher gibt es auch einen Rückgang der insektenfressenden Vogelarten. Der Bestand an Feldvögeln ist zwischen 1980 und 2020 um 50% geschrumpft. Von den 291 Brutvögeln in Deutschland stehen bereits 50% auf der Roten Liste.

In Deutschland sind derzeit 9.000 der 71.500 Tier-, Pflanzen- und Pilz-Arten gefährdet – das sind 13%. Bei den Wildbienen sind 50% gefährdet.

Traditioneller Pflanzenschutz

Es gibt durchaus auch traditionelle, unschädliche Methoden des Pflanzenschutzes wie die in der Schweiz vorgeschriebene fünfjährige Fruchtfolge, den gemischter Anbau, den Biolandbau, das Anlegen von Grünstreifen und Brachen, die sowohl die Pflanzen als auch die Insekten schützen, usw.

Insektenschutz

Seit 2017 ist der 20. Mai der „Welttag der Bienen".

2019 hat die deutsche Regierung das Aktionsprogramm „Insektenschutz" beschlossen.

Auf der Weltnaturkonferenz „COP15 2022" wurde beschlossen, dass 30% der weltweiten Land- und Meeresfläche unter Schutz gestellt und bis 2030 der Rückgang der Artenvielfalt gestoppt werden soll.

2023 hat die EU erste Ansätze zum EU-weiten Insektenschutz beschlossen, aber die Umsetzung ist sehr langsam und mühsam.

Die Erforschung der Pilz-Wirkungen auf Bienen könnte die Anwendung von speziellen Pestiziden zum Schutz der Bienen drastisch reduzieren.

Imker und Zeidler

Der Imker stellt für die „zahmen" Honigbienen Bienenkörbe oder Kästen auf. Der Zeidler schlägt hingegen im Wald in Bäumen in 6m Höhe Löcher in den Stamm und verdeckt den Eingang teilweise mit einem Brett verdeckt. In diesen künstlichen Baumhöhlen nisten sich dann die wildlebenden Honigbienen ein, bei denen der Zeidler dann später den Honig und den Wachs erntet.

Während es in Deutschland sehr viel Imker gibt, wird das Zeidler-Handwerk erst seit kurzem wiederbelebt. Im Mittelalter und auch schon vorher war der Zeidler in Bezug auf die durch ihn erwirtschaftete Honigmenge deutlich wichtiger als der Imker.

Möglicherweise könnte das Wiederbeleben des Zeidler-Handwerks eine wichtige Rolle bei der Stärkung der Bienenvölker spielen. Das liegt daran, dass wild lebende

Bienenvölker die Abwehrkräfte, die den hochgezüchteten „Honigproduzenten"-Bienenvölker der Imker teilweise verlorengegangen sind, recht schnell wiederherstellen müssen, damit sie überleben können. Das könnte wiederum durch gelegentliche Kreuzungen zwischen den „wilden" Zeidler-Bienen und den „zahmen" Imker-Bienen den Honigbienen insgesamt zugutekommen und sie stärken.

Zitat

Es gibt ein weitverbreitetes Zitat zu den Bienen und zu dem Bienensterben:

„Wenn die Bienen verschwinden, hat der Mensch nur noch vier Jahre zu leben: keine Bienen mehr – keine Pflanzen – keine Tiere – keine Menschen mehr."

Dieses Zitat wird oft Albert Einstein zugeschrieben, aber es zweifelhaft, dass es wirklich Einstein gewesen ist, der das gesagt hat, denn zum einen ist das Bienensterben zu seinen Lebzeiten noch kein Thema gewesen und zum anderen entspricht dieser Satz überhaupt nicht dem Stil der andren Aphorismen, die von Einstein überliefert worden sind – er hat eine eigene Art gehabt, Dinge pointiert und humorvoll auszudrücken.

- - -

Mythen

Aufgrund der Wichtigkeit des Honigs gibt es fast überall auch Mythen und Gottheiten, die mit den Bienen und dem Honig verbunden sind.

Die Bienen sind allgemein ein altes und weitverbreitetes Bild für soziales Verhalten.

Indogermanen

Die Indogermanen stellten aus Wasser und Honig und teilweise noch aus Milch und einigen Pflanzensäften einen Ritualtrank her, der ihnen im Zusammenhang mit einem Ritual die Wiedergeburt im Jenseits sichern sollte. Symbolisch gesehen geht dieser

Trank auf die Milch der Jenseitsgöttin zurück, die den Toten nach seiner Wiedergeburt im Jenseits stillte. Das Jenseits ist daher das „Land, in dem Milch und Honig fließen" – der Trank bestand vor allem aus Milch und Honig.

Bei den Indern hieß dieser Trank „Soma amrita" („Soma-Pflanzen-Saft, der unsterblich macht"), bei den Persern hieß er „Haoma" („Soma-Pflanzensaft"), bei den Griechen hieß er „Nektar ambrosia" („Honigtrank, der unsterblich macht"), und bei den Kelten und den Germanen hieß er schlicht „Met" („HonigTrank"). Auch die Hethiter in der heutigen Türkei, die Thraker am Schwarzen Meer sowie die Slawen und Balten scheinen einen derartigen Trank gekannt zu haben.

Die Biene ist in den Mythen in Indien, in Griechenland, bei den Hethitern, aber auch im nicht-indogermanischen Nahen Osten eine Botin zwischen Diesseits und Jenseits, was der Honigtrank-Symbolik der Indogermanen entspricht.

Griechen

Um ca. 650v.Chr. wurde auf der Insel Rhodos eine Bienengöttin verehrt. Sie wurde als Biene mit Frauenkopf und Armen dargestellt. Die beiden neben ihr abgebildeten achtblättrige Blüten könnten der Stern der babylonischen Göttin Inanna oder das sumerisches Göttersymbol sein – was letztlich allerdings kein großer Unterschied ist, da der Stern der Innana auf das sumerische Göttersymbol zurückgeht.

Im frühen Griechenland wurde die Göttin Potnia theron („Herrn des Wildes") auch mit dem Namen „reine Bienenmutter" angerufen. Ihre Priesterin hieß „Melissa", d.h. „Biene". Auch die Priesterin der Demeter wurde „Melissa" genannt und auch die Göttin Artemis trug diesen Namen.

Der Honig wurde den Mythen zufolge von der Nymphe Melissa („Biene") entdeckt.

Die Bienen wurden mit dem Orakel von Delphi assoziiert – die Seherin in Delphi wurde manchmal „Biene" genannt.

„Melisseus" war der Gott des Honigs und der Bienen. Seine Töchter Ida und Adrasteia fütterten den jungen Zeus mit Milch und Honig. Das bedeutet, dass sie ihn vor seinem Vater Kronos, der Zeus töten wollte, in der Unterwelt (dem Land, in dem Milch und Honig fließen) verbargen.

Der Gott der Imker hieß „Aristeus". Er war ein Sohn des Apollon. Er wollte einst Euridike, die Frau des Orpheus, die eng mit der Unterwelt verbundenen war, verführen. Er lehrte die Menschen die Imkerei.

Homer berichtet in seiner „Hymne an Hermes" um 550v.Chr. über drei Frauen, die mit dem Honig assoziiert waren. Sie waren offensichtlich Seherinnen und waren eine Version der drei Moiren, die die drei griechischen Schicksalsgöttinnen sind. Diese drei „geflügelten Jungfrauen" sind vermutlich mit den vorgriechischen Thriae, die drei Bienen-Göttinnen sind, verwandt. Die folgenden Zeilen werden von Apollon gesprochen:

Doch ich will Dir noch etwas erzählen, Sohn der all-ruhmreichen Maia und des Zeus,
* der die Ägis hält, den Glück-bringenden Genius der Götter.*
Es gibt bestimmte Heilige, die als Schwestern geboren wurden – drei Jungfrauen –
* die mit Flügeln beschenkt waren:*
Ihre Häupter waren mit weißem Mehl bestäubt und sie lebten unter einem Grat des Parnaß.
* Sie waren Lehrerinnen der Wahrsagekunst neben mir –*
das ist die Kunst, die ich schon übte, als ich noch als Junge den Herden folgte,
* doch mein Vater achtete nicht darauf.*
Von ihrem Heim aus fliegen sie mal hierhin, mal dorthin, ernähren sich von Honigwaben
* und lassen alle Dinge geschehen.*
Und wenn sie durch das Essen des gelben Honigs inspiriert worden sind,
* sind sie Willens, die Wahrheit zu sprechen;*
doch wenn ihnen der Götter süße Speise vorenthalten wird, dann sprechen sie unwahr,
* während sie hin und her durcheinander schwärmen.*

Honig zählte zu den Gaben, die von den Griechen den Göttern geopfert wurden.

Hethiter

In den Mythen der Hethiter senden die Götter eine Biene aus, um den Ackerbaugott Telepinu im Frühjahr wiederzufinden und aus der Unterwelt zurückzuholen. Die Rückkehr des Telepinu aus der Unterwelt ist ein Bild für das Keimen des Getreides.

Zudem künden die nach dem Winter wieder ausfliegenden Bienen den nahenden Frühling an.

Inder

Die Göttin Bhramari wurde einst von den Göttern gebeten, den Dämon Arunasura zu besiegen. Da ließ sie aus ihrem Leib einen großen Schwarm Beinen entspringen, die den Dämon durch ihre Stiche kampfunfähig machten.

Manchmal wird uach Krishna als Biene dargestellt.

Kelten

Die keltische Bienengöttin trug den Namen „Meduna", also „Met-Göttin".

Ägypten

Der „Milch und Honig"-Ritualtrank bestand in Ägypten nur aus Milch – er wurde von dem Pharao der Muttergöttin Hathor dargebracht.

Die Bienen sind einer Mythe zufolge aus den Tränen des Sonnengottes Ra, die auf den Wüstensand fielen, entstanden.

Der Pharao wurde als der, „der zu der Biene und zu der Binse gehört" bezeichnet.

Seelenbiene

Bei manchen Völkern stellen die Bienen die Seele dar, die beim Tod den Leib verlässt. Diese Vorstellung findet sich in Sibirien, Mittelasien und in Südamerika. Diese Symbolik hat es auch bei den Kelten und bei den Germanen gegeben.

Meistens wird die Seele als Vogel dargestellt (Mensch mit Vogelkopf, Vogel mit Menschenkopf, Mensch mit Federkleid, Mensch mit Flügeln, Mensch mit Federkrone usw.), aber es gibt auch das Bild der Bienen-Seele, der Schmetterlings-Seele, der Fledermaus-Seele usw. Alle diese Bilder der „fliegenden Seele" gehen auf das Erlebnis des Schwebens und Fliegens zurück, das man hat, wenn man mit seiner Seele in einer Ohnmacht, in der Meditation o.ä. den eigenen Leib verlässt („Astralreise").

Afrika

Bei dem Volk der San in der Kalahari wird erzählt, dass eine Biene einst ein Ei in den Leib einer Gottesanbeterin gelegt hat und dass daraus der erste Mensch entstanden ist.

Diese und ähnliche Vorstellungen bei anderen Völkern gehen vermutlich auf die Beobachtungen zurück, dass Raubwespen ihre Eier in getötete Insekten und Kleintiere ablegen.

Amerika

Bei den Mayas gibt es einen Gott der Imker, was zeigt, dass die Imkerei bei der Ankunft von Kolumbus sowohl schon alt als auch wichtig gewesen sein muss. Dieser Imker-Gott hieß „Mok-Chi". Dies ist ein Beiname des Xbalanque, dessen Name „Jaguar-Sonne" bedeutet, was ihn als Schamanengott kennzeichnet. Er ist einer der beiden Zwillinge Hunapu und Xbalanque, die die Hauptgestalten in der Maya-Mythologie und in dem Maya-Buch „Popul Vuh" sind.

Der Gott der Bienen und des Honigs trug den Namen „Ah-Muzen-Cab".

- - -

Wenn bitter sich die Menschen streiten
mit Größe wie mit Kleinigkeiten,
da weiche ich am liebsten aus
und flüchte mich ins Bienenhaus.

Hör ich das friedliche Gesumm,
vergeß ich Schelten und Gebrumm,
und aller Krieg und Krach auf Erden
kann mir sogleich gestohlen werden.

Ein Blümchen vom Boden hervor,
war früh gesprosset im lieblichen Flor,
da kam ein Bienchen und naschte fein –
die müssen wohl beide füreinander sein!

Johann Wolfgang von Goethe

Bücher von Harry Eilenstein

Magie für Anfänger
- Telepathie für Anfänger (60 S.)
- Telepathie für Fortgeschrittene (52 S.)
- Telekinese für Anfänger (52 S.)
- Analogien für Anfänger (56 S.)
- Omen und Orakel für Anfänger (52 S.)
- Lebenskraft für Anfänger (60 S.)
- Meditation für Anfänger (56 S.)
- Kundalini für Anfänger (100 S.)
- Hypnose für Anfänger (56 S.)
- Kampfmagie für Anfänger (172 S.)
- Auto-Movement für Anfänger (56 S.)
- Chakra-Magie für Anfänger (148 S.)
- Astralreisen für Anfänger (56 S.)
- Astrologie für Anfänger (120 S.)
- Astrologische Quadrate für Fortgeschrittene (72 S.)
- Partnerhoroskope für Anfänger (100 S.)
- Silberschnüre für Anfänger (52 S.)
- Zaubersprüche für Anfänger (60 S.)
- Ritual-Magie für Anfänger (56 S.)
- Mandalas für Anfänger (68 S.)
- Geldzauber für Anfänger (56 S.)
- Liebeszauber für Anfänger (52 S.)
- Invokationen für Anfänger (52 S.)
- Evokationen für Anfänger (60 S.)
- Geister für Anfänger (52 S.)
- Elfen für Anfänger (56 S.)
- Magie-Forschung für Anfänger (140 S.)
- Magie-Romantik für Anfänger (60 S.)
- Selbsterkenntnis für Anfänger (52 S.)
- Einweihungen für Anfänger (60 S.)
- Drogen-Kabbala für Anfänger (216 S.)
- Zahlensymbolik für Anfänger (60 S.)
- Die Sprache des Mondes – für Anfänger (116 S.)
- Zaubergesänge für Anfänger (100 S.)
- Zukunftschau für Anfänger (60 S.)
- Schamanismus für Anfänger (52 S.)
- Schwitzhütten für Anfänger (52 S.)
- Magische Gegenstände für Anfänger (68 S.)
- Übertragungen für Anfänger (68 S.)
- Zaubertränke für Anfänger (64 S.)
- Magie-Gesten für Anfänger (252 S.)
- Da'ath-Magie für Anfänger (64 S.)
- Magie-Heilungen für Anfänger (68 S.)
- Kornkreise für Anfänger (348 S.)
- Feng Shui für Anfänger (96 S.)
- Tao für Anfänger (112 S.)
- Magie für Anfänger – Sammelband   I (696 S.)
- Magie für Anfänger – Sammelband   II (664 S.)
- Magie für Anfänger - Sammelband III (580 S.)
- Magie für Anfänger – Sammelband   IV (700 S.)
- Magie für Anfänger – Sammelband   V (676 S.)
- Magie für Anfänger – Sammelband   VI (640 S.)

Magie
- Handbuch für Zauberlehrlinge (408 S.)
- Wie man das Pentagramm-Ritual zum Leben erweckt (308 S.)
- Tarot (104 S.)
- Physik und Magie (184 S.)
- Die Synthese von Physik und Magie (200S.)
- Die Magie-Formel (156 S.)
- Schwarze Löcher in der Magie (56 S.)
- Krafttiere – Tiergöttinnen – Tiertänze (112 S.)
- Schwitzhütten (524 S.)
- Mythen und Magie der Harfe (116 S.)
- Drei Adeptus Major Rituale (192 S.)
- Drei Adeptus Exemptus Rituale (120 S.)
- Zwei Infans Abyssi Rituale (128 S.)

Traumreisen
- Traumreisen zu Heilpflanzen (700 S.)
- Traumreisen zum kabbalistischen Lebensbaum (132 S.)

Meditation
- Der Lebenskraftkörper (230 S.)
- Die Chakren (100 S.)
- Das Chakren-System mit den Nebenchakren (296 S.)
- Organe und Chakren (64 S.)
- Die platonischen Körper in den Chakren (156 S.)
- Meditation (140 S.)
- Drachenfeuer (124 S.)
- Kundalini I (676 S.)
- Kundalini II (672 S.)
- Reinkarnation (156 S.)
- einsgerichtet (140 S.)

Astrologie
- Astrologie (496 S.)
- Photo-Astrologie (428 S.)
- Die astrologischen Aspekte (88 S.)
- Horoskop und Seele (120 S.)

Kabbala
- Kursus der praktischen Kabbala (150 S.)
- Eltern der Erde (450 S.)
- Blüten des Lebensbaumes:
     1. Die Struktur des kabbalistischen
        Lebensbaumes (370 S.)
     2. Der kabbalistische Lebensbaum als
        Forschungshilfsmittel (580 S.)
     3. Der kabbalistische Lebensbaum als
        spirituelle Landkarte (520 S.)
- Logik und Wirkung der Analogie (700 S.)

Eilenstein, Frater V.D., Knecht, Büdenbender
- Magie heute – Berichte aus der Praxis (288 S.)

Büdenbender, Eilenstein
- Chaos, Alk und Magic (436 S.)

Religion allgemein
- Die sieben Schritte des Lebens (428 S.)
- Muttergöttin und Schamanen (168 S.)
- Totempfähle (440 S.)
- Der Urriese (168 S.)

Jungsteinzeit
- Göbekli Tepe (472 S.)
- Die Göttin von Göbekli Tepe (144 S.)
- Die Rituale von Göbekli Tepe (112 S.)

Ägypten
- Hathor und Re 1: Götter und Mythen im
  im Alten Ägypten (432 S.)
- Hathor und Re 2: Die altägyptische Religion
  – Ursprünge, Kult und Magie (396 S.)
- Isis (508 S.)
- Ma'at (200 S.)

Indogermanen
- Die Entwicklung der indogermanischen
  Religionen (700 S.)
- Wurzeln und Zweige der indogermanischen
  Religion (224 S.)

Christentum
- Christus (60 S.)
- Die Biographie des Teufels (144 S.)
- Die Magie der Propheten Elias und Elisa (96 S.)

Psychologie
- Über die Freude (100 S.)
- Das Geheimnis des inneren Friedens (252 S.)
- Das Beziehungsmandala (52 S.)
- Gefühle und ihre Verwandlungen (404 S.)
- einsgerichtet (140 S.)
- Liebe und Eigenständigkeit (216 S.)
- Von innerer Fülle zu äußerem Gedeihen (52 S.)
- Kreative Hochzeits-Rituale (56 S.)

Heilung
- Die Symbolik der Krankheiten (76 S.)

Kunst
- Herz des Tanzes – Tanz des Herzens (160 S.)
- Die Wurzeln der Kunst (60 S.)
- Wege zur Musik-Improvisation (32 S.)

Drama
- König Athelstan (104 S.)

Roman
- Maran der Schamane (548 S.)
- Maran der Zauberlehrling (676 S.)
- Maran der Harfner (700 S.)
- Maran der Krieger (700 S.)
- Maran der Magier (900 S.)
- Maran der Weise (900 S.)

Entwürfe für die Zukunft
1. Die 12 Stile des Tierkreises (164 S.)
2. Die 12 Gedanken zur Energie (108 S.)
3. Die 12 Phänomene der Schwingungen (60 S.)
4. Die 12 Qualitäten des Wassers (92 S.)
5. Die 12 Fundamente des Wohnens (96 S.)
6. Die 12 Grundprinzipien einer umfassenden
   Gesundheit (32 S.)
7. Die 12 Zonen des menschlichen Körpers (80 S.)
8. Die 12 Zutaten der Ernährung (60 S.)
9. Die 12 Flüge der Bienen (148 S.)
10. Die 12 Sichtweisen auf Genußmittel und Drogen (96 S.)
11. Die 12 Möglichkeiten der ganzheitlichen Medizin (92 S.)
12. Die 12 Ansichten über das Impfen (36 S.)
13. Die 12 Leitlinien der Erziehung (44 S.)
14. Die 12 Richtungen des Denkens (84 S.)
15. Die 12 Arten des Lernens (56 S.)
16. Die 12 Seiten einer umfassenden Bildung (36 S.)
17. Die 12 Ansätze zu effektivem Handeln (76 S.)
18. Die 12 Konzepte der Arbeit (48 S.)
19. Die 12 Arten der neuen Technologien (36 S.)
20. Die 12 Betrachtungsweisen der künstlichen
    Intelligenz (48 S.)
21. Die 12 Eigenheiten des Geldes (40 S.)
22. Die 12 Funktionen der Steuern (56 S.)
23. Die 12 Betrachtungsweisen der Sozialberufe (60 S.)
24. Die 12 Strategien der Macht (64 S.)
25. Die 12 Anforderungen an ein neues Wertesystem (48 S.)
26. Die 12 Bausteine einer neuen Gesellschaftsform (52 S.)
27. Die 12 Tore zur Sophikratie (80 S.)
28. Die 12 Pfade zum Frieden (48 S.)
29. Die 12 Säulen des Naturrechts (56 S.)
30. Die 12 Grundlagen der Beziehungen (52 S.)
31. Die 12 Spielfelder des Fußballs (108 S.)
32. Die 12 Wege der Kunst (60 S.)
33. Die 12 Wurzeln eines erfüllten Lebens (44 S.)
34. Die 12 Bereiche des Bewußtseins (56 S.)
35. Die 12 Tempel der Religionen (84 S.)
36. Die 12 Aspekte eines einheitlichen
    spirituell-physikalischen Weltbildes (72 S.)
37. Die 12 Dynamiken der Verwandlung (44 S.)
- Sammelband 1 „Natur" (492 S.)
- Sammelband 2 „Gesundheit" (512 S.)
- Sammelband 3 „Bildung" (524 S.)
- Sammelband 4 „Gesellschaft" (416 S.)
- Sammelband 5 „Psyche" (380 S.)

die „Anfänger"-Reihe
- The Synthesis of Physics and Magic (192 p.)
- Telepathy for Beginners (60 p.)
- Telepathy for Advanced Learners (52 p.)
- Telekinesis for Beginners (56 p.)
- Life Force for Beginners (76 p.)
- Kundalini for Beginners (104 p.)
- Astral Projection for Beginners (60 p.)
- Meditation for Beginners (60 p.)
- Prophecy for Beginners (60 p.)
- Ritual Magic for Beginners (64 p.)
- Magic Chant for Beginners (108 p.)
- Invocations for Beginners (52 p.)
- Evocations for Beginners (62 p.)
- Auto-Movement for Beginners (60 p.)
- Elves for Beginners (56 p.)
- Hypnosis for Beginners (56 p.)
- Love Magic for Beginners (52 p.)
- Money Magic for Beginners (60 p.)
- Magic Objects for Beginners (64 p.)
- Shamanism for Beginners (52 p.)
- Chakra-Magic for Beginners (148 p.)
- Language of the Moon – for Beginners (128 p.)
- Self Knowledge for Beginners (60 p.)
- Da'ath-Magic for Beginners (64 p.)
- Astrology for Beginners (112 p.)
- Number Symbolism for Beginners (64 p.)
- Mandalas for Beginners (76 p.)
- Crop Circles for Beginners (344 p.)
- Feng Shui for Beginners (96 p.)
- Magic Research for Beginners (140 p.)
- Magic for Beginners – Anthology I (636 p.)
- Magic for Beginners – Anthology II (616 p.)
- Magic for Beginners – Anthology III (684 p.)
- Magic for Beginners – Anthology IV (580 p.)

Eilenstein, Frater V.D., Knecht, Büdenbender
- Living Magic (261 S.) (= „Magie heute")

sonstige englische Ausgaben
- The Biography of the Devil (140 S.)
- The Synthesis of Physics and Magic (192 S.)
- The Chakra-System with the Minor Chakras (304 S.)